Collection "Sciences et Voyages"

H. MATHIS

ANCIEN ÉLÈVE DE L'ÉCOLE CENTRALE DE PARIS
INGÉNIEUR DES ARTS ET MANUFACTURES

—

LES APPLICATIONS

DE L'ÉLECTRICITÉ

A LA

VIE DOMESTIQUE

PRIX : 3 fr.

ÉDITIONS DE "SCIENCES ET VOYAGES"
PARIS — 3, Rue de Rocroy — PARIS

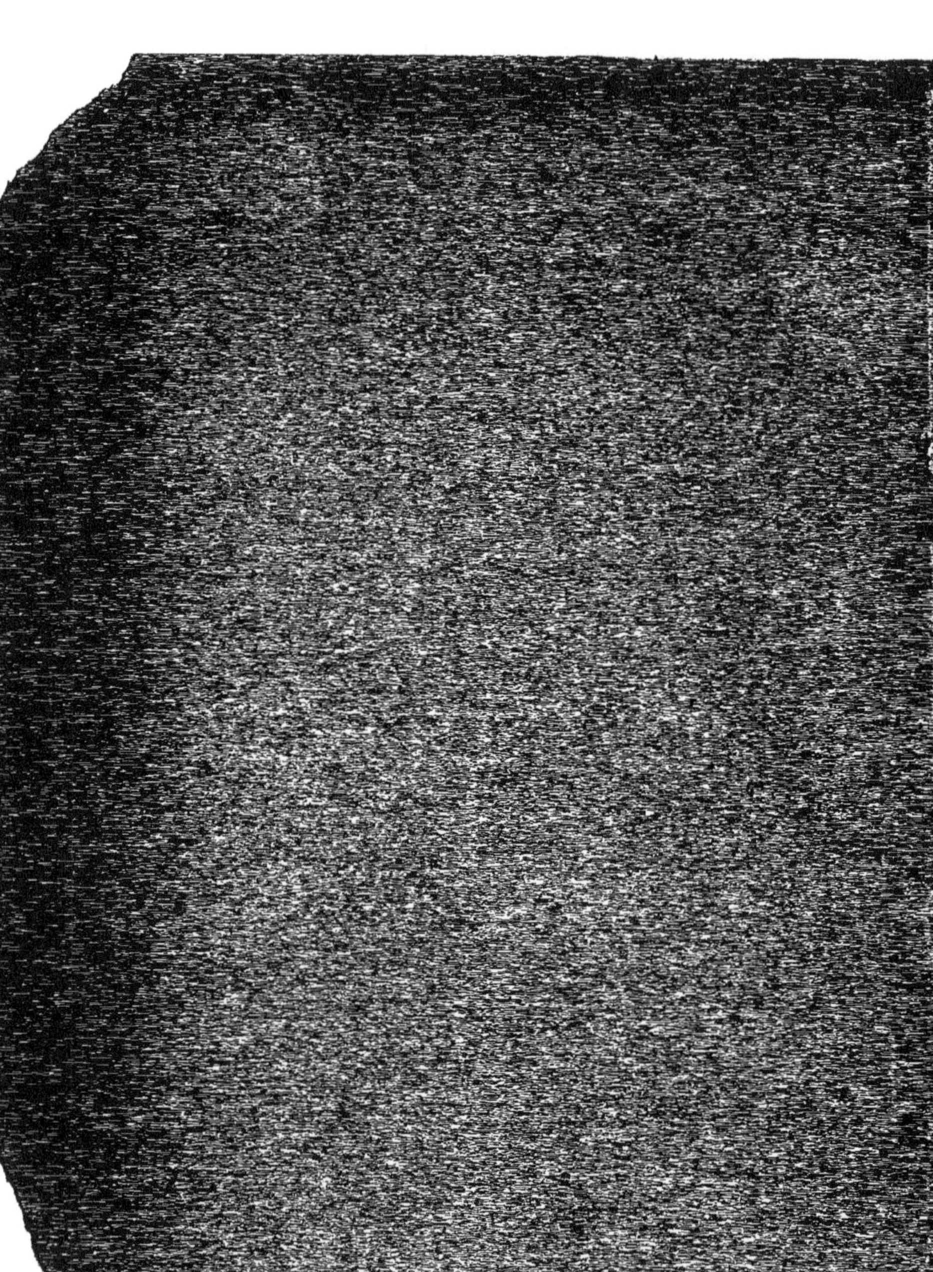

Les Applications de l'Electricité à la Vie domestique

Collection " SCIENCES ET VOYAGES "

H. MATHIS
ANCIEN ÉLÈVE DE L'ÉCOLE CENTRALE DE PARIS
INGÉNIEUR DES ARTS ET MANUFACTURES

Les Applications de l'Électricité à la Vie domestique

EDITIONS DE " SCIENCES ET VOYAGES "
3, RUE DE ROCROY, 3
PARIS

Les Applications de l'Électricité à la Vie domestique

AVANT-PROPOS

Production et Utilisation domestiques de l'Énergie électrique

Pour utiliser l'électricité au point de vue domestique, il est de toute évidence qu'il faut d'abord se préoccuper d'avoir disponible une force nécessaire sous forme de courant, pour actionner les différents moteurs ou les divers appareils.

Certains d'entre eux ne demandent qu'une énergie peu intense, tels sont les sonneries, les téléphones, certains petits appareils mécaniques, et on peut alors se contenter d'une source de courant faible, telle que les piles électriques ou les petites batteries d'accumulateurs.

Mais quand on s'adresse à l'éclairage généralisé dans un appartement, au chauffage avec des appareils qui ont très souvent une consommation élevée, on ne saurait employer comme source d'énergie les piles et même les accumulateurs seuls, bien que certains auteurs aient indiqué le moyen d'utiliser des batteries de piles, quelquefois même une batterie d'accumulateurs chargée par le courant de piles électriques.

Cette disposition n'est pas économique, elle consomme des produits chimiques en quantité pour produire une énergie peu intense. D'ailleurs, en nos temps actuels, il n'est presque pas de villes où l'électricité ne fasse l'objet de distribution d'un secteur et les moyens de fortune comme les piles électriques ne doivent pas être envisagés pour produire une énergie un peu forte.

Néanmoins, il est intéressant d'étudier la pile électrique, en particulier la pile de sonnerie de dire quelques mots des autres modèles de piles qui constitueront alors plutôt un passe-temps plutôt qu'une chose utile.

Les batteries d'accumulateurs demandent au contraire une étude plus immédiate, car elles peuvent fournir des courants intenses. Il suffit de les recharger périodiquement, et c'est pourquoi il est très rare, pour ne pas dire inexistant, d'avoir une forte batterie d'accumulateurs sans la machine génératrice de courant qui la charge.

Lorsqu'on se trouve plus ou moins à proximité d'une distribution électrique provenant d'un secteur, le

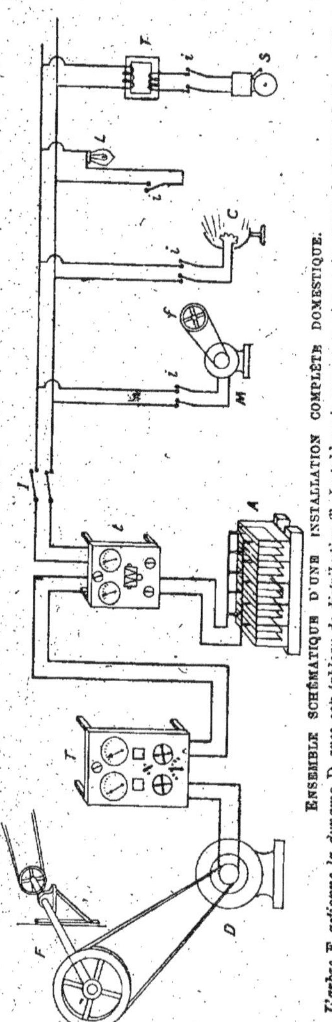

Ensemble schématique d'une installation complète domestique.

L'arbre F actionne la dynamo D avec son tableau de distribution T. Le tableau t permet la charge des accus A et aussi l'alimentation du réseau par l'interrupteur I. Les appareils sont branchés en dérivation : M, moteur qui fait tourner f ; C, radiateur de chauffage : L, lampe ; S, sonnerie avec son transformateur T. Les lettres i représentent des interrupteurs.

problème de la source du courant est tout résolu.

Il suffit de s'abonner, d'avoir chez soi un tableau d'arrivée et un compteur, et l'on peut prendre alors de l'énergie électrique à son gré.

Cependant, il existe encore quelques lieux où la distribution du courant par un secteur n'est pas possible. C'est quand cela nécessiterait des canalisations trop longues, lorsqu'il n'y a pas suffisamment à proximité un réseau producteur de courant. Ceci se présente en particulier pour des châteaux, des fermes isolées, et dans ce cas, la consommation du courant pour l'éclairage, pour les moteurs, pour le chauffage, est suffisante pour justifier une installation productrice d'électricité.

Les moteurs actuels sont extrêmement variés et très nombreux, ils vont du moteur à vent jusqu'au moteur à essence et au moteur à gaz. Il faut compter également les moteurs hydrauliques quand on dispose d'un cours d'eau d'un débit assuré et régulier.

Il est alors intéressant pour celui qui veut se servir du courant de faire les frais de cette première installation laquelle comporte le moteur actionnant la dynamo productrice de courant.

Généralement, ces installations comprennent aussi une batterie d'accumulateurs plus ou moins importante, suivant le genre de distribution adoptée.

De tout ceci, il résulte qu'il ne faut pas songer à utiliser les piles électriques en particulier comme productrices de courant d'éclairage. Il ne faut les considérer, presque aujourd'hui, que comme des appareils de laboratoire, des sources de courant destinées uniquement à des expériences ou à des passe-temps. Il faut en excepter, bien entendu, l'actionnement d'appareils, tel que les sonneries, les piles de diverse nature qu'elles soient, appliquées à certains usages, comme par exemple l'actionnement électrique de quelques signaux isolés de chemins de fer, l'éclairage de laboratoires de photographie, etc.

Les batteries de piles nécessaires pour la télégraphie, la téléphonie et la télégraphie sans fil, constituent également des applications domestiques de l'électricité. Nous étudierons les téléphones mais nous laisserons les appareils de télécommunication sans fil ainsi que les paratonnerres.

CHAPITRE I

Les Piles électriques

Les piles électriques transforment l'énergie chimique en énergie électrique.

Si l'on prend un vase en verre qui contient de l'eau légèrement additionnée d'acide sulfurique, si on y plonge deux lames métalliques, une en zinc, l'autre en cuivre, et si on les réunit par un fil, on constate qu'il se produit des phénomènes électriques.

On *admet* que l'action chimique exercée par l'acide sulfurique sur le zinc donne naissance à une certaine force qu'on appelle force électromotrice, et qui détruit l'équilibre électrique naturel des conducteurs en présence.

La force électro-motrice condense l'énergie électrique sur le zinc. Cette énergie électrique se transmet à travers le liquide jusqu'à la lame de cuivre. La lame de cuivre est électrisée positivement, et la lame de zinc hors du liquide est électrisée négativement, ce que l'on figure au moyen de signes plus et moins : pôles positifs et pôles négatifs de la pile.

Dans le fil conducteur qui réunit les deux pôles, il se passe des phénomènes électriques, qui sont analogues à ce qui se produit quand un flux

Une pile Leclanché se compose d'un vase verre (au centre) dans lequel on place le bâton de zinc amalgamé (à gauche), le vase poreux avec le dépolarisant et le charbon (à droite). Dans le vase, on met une solution de chlorure d'ammonium.

d'électricité se déplace entre les bornes.

Ce mode de mouvement spécial de nature inconnue a reçu le nom de courant électrique.

Qu'est-ce qu'on entend par Sens du Courant

Pour expliquer cette appellation, supposons que l'on plonge dans une dissolution de sulfate de cuivre deux lames de cuivre reliées au pôle positif et au pôle négatif d'une pile.

On constate que le sulfate de cuivre est décomposé, que le cuivre métallique vient se déposer sur la lame reliée au pôle négatif. On constate également que l'autre lame de cuivre

SUPPORT POUR LES DÉCHETS DE ZINC D'UNE PILE RADIGUET.

Le tube V contient du mercure Hg, dans lequel plongent deux fils du tube central Cu, en cuivre. Les déchets de zinc sont placés dans l'espace annulaire.

a perdu, en poids, une partie égale à celui du cuivre déposé sur l'autre lame. Il y a eu transport de cuivre comme par un courant allant du pôle positif au pôle négatif.

On admet alors que dans une pile, le courant circule depuis le métal attaqué qui est le zinc, jusqu'au métal inattaqué qui est le cuivre (ou qui est quelquefois du charbon).

Dans une pile, il y a comme caractéristiques : la tension du courant qu'on mesure en volts, l'intensité qu'on mesure en ampères, et la résistance intérieure qu'on mesure en ohms.

Pour expliquer ces appellations, prenons comme analogue, une pompe qui est destinée à refouler de l'eau. Dans cette pompe la hauteur du refoulement, qu'on est capable de donner, correspond à la tension ou au nombre de volts de la pile électrique.

La quantité d'eau débitée par la pompe pendant l'unité de temps correspondra au nombre d'ampères du courant électrique.

Enfin, la résistance qu'éprouve l'eau à se déplacer dans la pompe, est analogue à la résistance intérieure électrique de la pile.

On conçoit donc que suivant les utilisations demandées à une pile électrique, elle devra remplir certaines conditions. De même qu'une pompe devant fournir un grand débit sera d'un volume important, de même une pile à grand débit aura des surfaces d'électrodes élevées.

POLARISATION

Si l'on prend la pile primitive dont nous avons parlé ci-dessus, et si on mesure l'intensité du courant qu'elle fournit, on constate que le courant

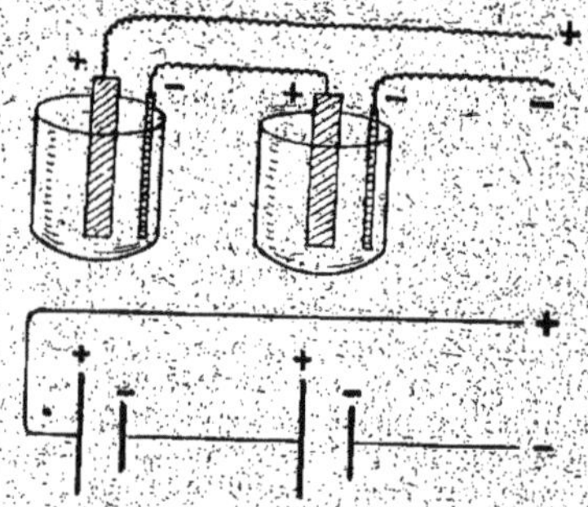

MONTAGE DE DEUX PILES EN SÉRIE.
Le positif de l'une est relié au négatif de l'autre. En bas est indiquée la façon de représenter ce montage dans les schémas électriques.

qui passe au début, baisse rapidement et tend à devenir nul.

Lorsqu'on gratte la lame de cuivre, on constate que l'intensité du courant reprend une valeur plus grande.

Il faut en conclure que sur la lame de cuivre, quelque chose s'était déposé qui s'opposait à l'introduction d'un courant intense. Cette substance est de l'hydrogène qui provient de la décomposition de l'eau par le courant. Ce phénomène a reçu le nom de polarisation.

Il est donc indispensable pour qu'une pile puisse être employée, qu'on détruise cette polarisation. Le meilleur moyen consiste à employer des produits chimiques qui n'empêchent pas le fonctionnement de la pile, et qui, au contraire, produisent de l'oxygène, lequel servira à l'hydrogène pour former de l'eau. Cette matière chimique, qui est variable suivant les modèles de piles employés, s'appelle un dépolarisant.

Quand le dépolarisant est liquide, on a une pile à deux liquides, le deuxième liquide étant constitué par le liquide excitateur. Lorsque le dépolarisant est solide, on a une pile à un seul liquide, qui est le liquide excitateur.

LES PILES LECLANCHÉ

La pile Leclanché est celle que l'on rencontre le plus fréquemment dans les utilisations domestiques, telles que le fonctionnement des sonneries pour lesquelles elle est l'appareil indispensable. Son application pour cet emploi est en tout point parfaite. Son prix d'achat est relativement modéré, le montage et l'entretien sont faciles. Enfin, il ne se produit aucune action chimique, aucune usure quand la pile ne fonctionne pas.

Cette pile se compose d'un vase poreux qui contient une électrode en charbon de cornue. Autour de cette électrode, un mélange de bioxyde de manganèse et de charbon de cornue granulé constitue le dépolarisant solide.

Le vase poreux plonge dans un vase en verre rempli d'une dissolution de chlorure d'ammonium. Dans cette solution, plonge également une tige de zinc amalgamée, qui constitue l'électrode négative.

Pour opérer le montage d'un élément de pile ainsi constitué, il suffit,

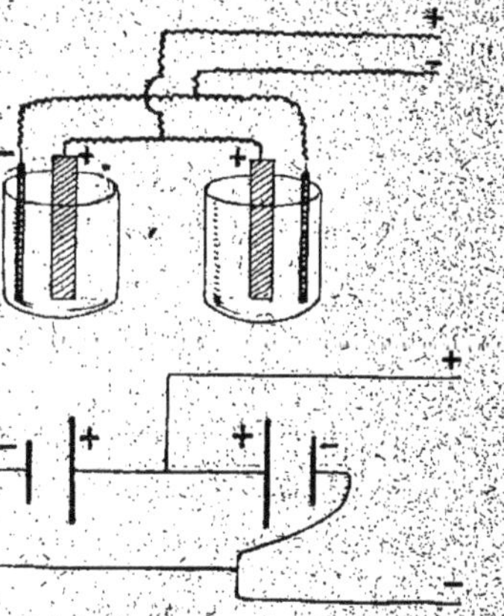

MONTAGE DE DEUX PILES EN PARALLÈLE.

Les deux positifs sont réunis ainsi que les deux négatifs.

En bas dessin schématique qui représente ce mode de montage.

de se procurer un vase poreux tout préparé avec l'électrode en charbon, et un bâton de zinc également tout amalgamé qu'on trouve dans le commerce.

On placera ces deux parties de la pile dans un vase que l'on remplira de la solution de sel ammoniac.

La fabrication de cette pile peut être faite encore avec des moyens plus simples, et l'on peut fabriquer une pile-sac en employant, au lieu du vase poreux, un sac en toile grossière rempli d'un mélange de bioxyde de manganèse et de fragments de coke grossièrement concassés.

L'électrode positive sera constituée par un cylindre de charbon qui pourra provenir des charbons destinés à l'éclairage par lampe à arc.

Cet ensemble sera placé dans un vase qui contiendra une solution de chlorure d'ammonium, et dans lequel on placera un bâton de zinc amalgamé. On peut également supprimer le vase verre et remplacer le

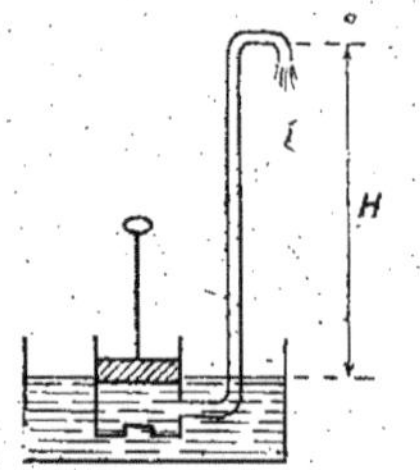

UNE PILE EST COMPARABLE A UNE POMPE REFOULANTE.

La hauteur H de refoulement est analogue aux volts ou tension du courant. Le débit de la pompe est comparable aux ampères ou intensité du courant. Enfin la résistance de l'eau pour circuler dans la pompe a pour analogue la résistance électrique intérieure en ohms de la pile.

bâton de zinc par une boîte en zinc soit ronde, soit carrée, qui sera revêtue intérieurement de papier buvard. Dans cette boîte on place une pâte formée de mélange dépolarisant et d'une solution de chlorydrate d'ammonium. La boîte forme elle-même l'électrode négative.

C'est sur ce principe que sont établies les piles sèches, que l'on peut, comme on le voit, faire facilement soi-même.

ENTRETIEN DES PILES LECLANCHÉ

La pile Leclanché bien entretenue peut durer indéfiniment. Quelques éléments de cette sorte peuvent alimenter les sonneries de tout un grand appartement, mais il faut surveiller ces piles, afin que le niveau de l'eau soit le même dans chaque élément, de manière que chaque pile ait une résistance électrique intérieure égale.

La solution de chlorydrate la meilleure est celle qui est constituée par 50 grammes dans un litre d'eau.

Pour maintenir les zincs amalgamés et pour qu'ils s'usent régulièrement, on laisse dans le fond du vase de pile un petit globule de mercure. L'amalgamation se fait seule, et le globule de mercure, gros comme un pois, peut durer environ deux ans. On vérifie tous les six mois les contacts, les fils de connéxions et les bornes.

Quand il y a une oxydation légère, on essuie ces parties altérées et on décape au papier de verre fin.

On recommande de placer les piles dans une boîte en bois avec un couvercle, afin d'éviter que ces piles ne soient renversées et qu'elles ne puissent servir de dépôt pour la poussière.

Souvent il se forme sur les électrodes des cristaux d'oxychlorure de zinc. Aussi quelquefois, on substitue au sel ammoniac du sel de manganèse, qui supprime la formation des cristaux. D'ailleurs avec ce sel, quand une pile est épuisée, on peut la régénérer ainsi qu'on le ferait pour un accumulateur.

Pour éviter que les sels ne puissent grimper dans les vases de piles, on paraffine la partie supérieure du vase verre. On peut également ajouter à la paraffine un peu de vaseline, ou bien prendre du suif, de la graisse, ou une petite quantité de bougie, et enduire le bord du vase de cette mixture. On peut aussi verser sur la surface du liquide une épaisseur d'un centimètre d'huile de pétrole.

Pile au Sulfate de Cuivre

Le principe de cette pile est d'employer comme dépolarisant une solution de sulfate de cuivre. L'électrode négative est toujours une lame de zinc amalgamée, qui plonge dans de l'eau contenant 10 0/0 d'acide sulfurique.

L'électrode positive est un cylindre de cuivre qui plonge dans un vase poreux rempli d'une dissolution concentrée de sulfate de cuivre. C'est ce mélange qui est destiné à absorber l'hydrogène produit par le fonctionnement de la pile.

Ce genre de pile est applicable à la télégraphie, à l'horlogerie. Il a reçu des modifications nombreuses. La plus simple est celle dans laquelle le zinc circulaire est suspendu en haut du verre, et plonge dans l'eau pure, tandis qu'à la partie inférieure, le sulfate de cuivre en cristaux occupe le fond du vase, et recouvre la plaque de cuivre qui forme électrode.

Il n'y a plus d'élément poreux, et cette pile est très simple à établir. Malheureusement son prix est élevé, et la production du courant est chère avec ce système de pile.

Pile a l'Acide azotique

Ce genre de pile est applicable à la production de courant intense pendant peu de temps, mais malheureusement l'acide azotique est difficile à manipuler et dégage pendant le fonctionnement de la pile des vapeurs désagréables.

Le pôle positif est constitué par une plaque de charbon qui plonge dans un vase poreux rempli d'acide azotique concentré. Ce vase poreux

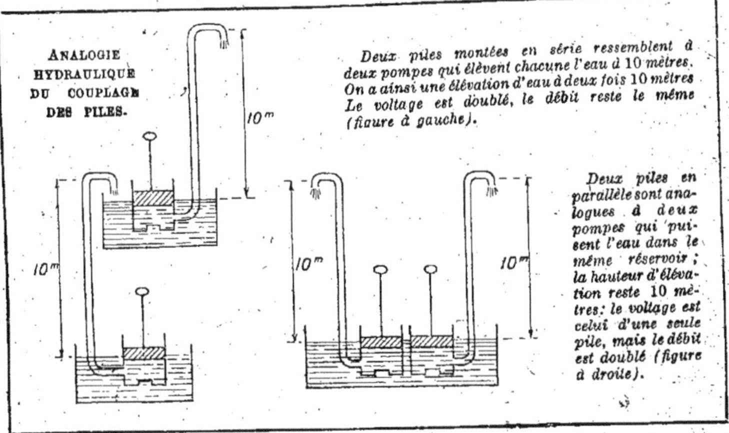

est placé à son tour dans un vase en grès ou en verre qui contient de l'eau acidulée par l'acide sulfurique. C'est dans cette eau que plonge la lame de zinc amalgamée formant l'électrode négative.

Cette pile a reçu également, de nombreuses modifications, mais son emploi n'est pas à conseiller pour un amateur électricien.

PILES AU BICHROMATE

Les piles au bichromate se font soit à un liquide, soit à deux liquides. Le modèle le plus connu est la pile bouteille qui est pratique pour des usages de laboratoire, pour la production d'électricité destinée à des appareils médicaux.

Le vase de la pile contient un liquide comprenant 200 grammes de bichromate de potassium et 400 grammes d'acide sulfurique par litre d'eau.

Dans ce liquide plonge une ou plusieurs plaques de charbon de cornue, qui constituent le pôle positif. Le pôle négatif est une lame de zinc qui plonge également dans ce même liquide.

L'inconvénient de cette pile est que, même lorsqu'elle ne débite pas de courant, elle s'use. Il est alors nécessaire de retirer l'électrode de zinc du liquide, pour éviter l'usure de la pile. C'est ce qui fait qu'on a donné sa forme au vase de la pile bouteille, et que le col sert à placer la lame de zinc hors du liquide.

Un des modèles les plus intéressants de ce genre de piles, mais à deux liquides, est la pile Radiguet, qui était autrefois très employée pour l'éclairage électrique domestique.

En effet, cette pile est plus avantageuse que la pile au sulfate de cuivre, la manipulation du sulfate de cuivre est très salissante, et l'avantage de la pile au bichromate est d'avoir une force électromotrice équivalente à celle de deux piles au sulfate de cuivre.

Il faut donc moitié moins d'éléments.

Cette pile comporte un vase extérieur qui contient une dissolution concentrée d'acide et de bichromate de soude. Le cylindre de charbon entoure un vase poreux qui contient de l'eau acidulée avec 1/10 d'acide sulfurique.

Dans cette eau acidulée plonge le zinc qui reste continuellement immergé. Cette lame de zinc est placée dans un godet, où se trouve un peu de mercure, destiné à amalgamer continuellement le zinc. C'est grâce à cela que cette électrode peut rester immergée sans s'user, lorsque la pile ne débite pas.

L'eau acidulée doit être changée tous les 15 jours, ou en général par huit heures de service. Le même bichromate peut servir pour 4 charges du vase poreux.

On entretient l'amalgamation des zincs, afin de pouvoir utiliser dans la pile des rognures de zinc, au moyen d'un support amalgamé.

C'est une cuvette en porcelaine qui contient 100 grammes de mercure avec du zinc en dissolution.

Un tube de cuivre se termine par deux tiges qui plongent dans le mercure. Ce support est introduit dans le vase poreux, et c'est dans le vide cylindrique annulaire qu'on place le zinc en déchets à utiliser.

Le mercure vient amalgamer tous ces déchets qui constituent l'électrode négative.

La pile Radiguet a une force électromotrice de 2 volts. Elle peut débiter normalement 1 ampère 1/2. Nous verrons de quelle façon on peut l'employer pour l'éclairage lorsqu'il est absolument impossible d'avoir d'autres sources de courant.

COUPLAGE DES PILES

Lorsqu'on a plusieurs éléments de piles à réunir, il y a deux grandes sortes de montages employés ; le montage en série et le montage en parallèle.

Dans le montage en série, chaque pôle négatif d'une pile est réuni au pôle positif de la voisine, et chaque pôle positif au pôle négatif de la pile située de l'autre côté.

On a donc, pour toute la batterie, un pôle positif et un pôle négatif qui sont pris sur les piles d'extrémités.

Dans un montage en parallèle, le pôle positif de la batterie communique avec tous les pôles positifs des piles, de même que le pôle négatif général communique avec tous les zincs ou pôles négatifs des piles.

Pour comprendre la différence qu'il y a, au point de vue production du courant, dans ces deux montages, comparons une pile électrique à une pompe chargée d'élever l'eau à une hauteur donnée :

Supposons que nous ayons deux pompes semblables à accoupler.

Dans le montage en série, la première pompe élèvera l'eau à 10 mètres par exemple, dans un réservoir, et la deuxième prendra l'eau de ce premier réservoir pour l'élever encore à 10 mètres plus haut dans le réservoir final.

On voit donc que l'eau est élevée à deux fois 10 mètres. Le débit dans le réservoir final est le même que celui d'une seule pompe. La résistance qu'éprouve l'eau à passer de la partie inférieure jusqu'au réservoir situé à 20 mètres est double de la résistance que l'eau éprouve dans une pompe seule.

Au point de vue électrique, ceci revient à dire qu'avec le montage en série, la force électromotrice obtenue est égale à celle d'une pile multiplié par le nombre d'éléments réunis. L'intensité est égale à l'intensité normale d'une seule pile. La résistance électrique intérieure de la batterie est égale à la résistance d'une seule pile multipliée par le nombre d'éléments réunis.

Si maintenant nous montons les deux pompes en parallèle, elles prendront de l'eau dans un même réservoir, et monteront cette eau dans un autre réservoir situé à 10 mètres de hauteur.

On voit donc que l'eau est élevée à la même hauteur que s'il y avait une seule pompe, que le débit est égal au double de celui d'une pompe, et que la résistance qu'éprouve le liquide est la moitié de la résistance qu'il éprouverait dans une seule pompe, puisque le débit est double.

Ceci revient à dire que dans le montage de plusieurs piles en parallèle, la force électromotrice est égale à celle d'une seule pile. L'intensité du courant est égale à celle d'une pile multipliée par le nombre d'éléments réunis. La résistance intérieure de la batterie est égale à la résistance d'une seule pile divisée par le nombre d'éléments réunis.

Si maintenant on considère une batterie de piles qui alimente un circuit électrique extérieur, on sait que, d'après la loi d'Ohm, la force électro-motrice divisée par la résistance électrique de tout le circuit est égale à l'intensité du courant.

On démontre d'ailleurs que, pour

une batterie de piles, le courant d'intensité maximum est obtenu lorsque la résistance intérieure de la batterie est égale à la résistance du circuit constitué par les fils conducteurs et les appareils que la batterie de piles doit faire fonctionner.

Il s'ensuit que, suivant les différents cas, on doit accoupler les piles, soit en série, soit en parallèle, soit même en série parallèle, c'est-à-dire en un groupement en parallèle d'un certain nombre de groupes de piles montés eux-mêmes en série.

Le calcul de la résistance intérieure de la batterie se fait alors suivant des lois, dites lois de Kirchoff. Ces lois ne sont autres que la mise en équation de ce que nous avons constaté lorsque nous avons monté les pompes, soit en série, soit en parallèle.

USAGE DES PILES

Suivant le système de dépolarisant employé, les piles ont des caractéristiques différentes.

La pile Leclanché à vase poreux a une force électro-motrice de 1,4 volt et une résistance intérieure de 5 ohms. Les éléments de pile sèche de dimensions ordinaires ont une résistance intérieure de 1 ohm 2. Quand ils sont usés, cette résistance devient beaucoup plus importante, presque le triple.

L'élément au sulfate de cuivre a une force électro-motrice de 1,07 volt. La résistance intérieure varie suivant les dimensions dans les modèles courants, de 10 à 15 ohms environ.

La pile Bunsen a une force électro-motrice de 1,8 volt, une résistance de 0,25 ohm.

La pile au bichromate ou pile bouteille a une force de 2 volts et une résistance d'environ 1 ohm.

La pile Radiguet a une force électromotrice de 2 volts, une résistance intérieure de 0,2 ohm.

D'après ces données, chaque système de pile aura son emploi déterminé.

La pile Leclanché servira pour les sonneries et tous les appareils don le fonctionnement est très intermittent et très court. A la rigueur, on peut l'employer, étant donné la commodité des piles sèches, pour les lampes de poche, mais ces piles n'ont que peu de durée.

Quand on a besoin d'un très haut voltage et d'un débit très faible, par exemple en télégraphie sans fil domestique, on constitue des batteries de piles Leclanché avec de très petits modèles de vase verre pouvant être remplacés, par exemple par un morceau de chambre à air de vélo, on peut aussi disposer les piles dans des casiers faits dans une boîte à cigares, qu'on aura au préalable paraffiné. On peut constituer ainsi des batteries de 50 et même de 80 éléments.

Les éléments au sulfate de cuivre seront employés pour la télégraphie qui exige des courants intermittents, mais d'une durée plus longue que celle des sonneries, avec une résistance de circuit extérieur en général assez élevée ; il est donc nécessaire d'employer une pile à résistance intérieure forte.

La pile Bunsen ne sera que peu employée par l'amateur ; elle est commode car son fonctionnement est très bon, aussi on l'utilisera dans le cas de courant intense et d'une durée de fonctionnement total n'excédant pas quelques heures, par exemple pour la galvanoplastie qui se fera commodément et économiquement avec ce genre de piles.

La pile au bichromate a l'inconvénient d'exiger que l'on descende chaque fois dans le liquide l'électrode négative. Elle pourra servir pour des allumoirs ou des éclairages ayant une certaine durée relative, par exemple pour une lampe destinée à un laboratoire de photographie.

La pile Radiguet n'a pas les inconvénients de la pile au bichromate. Elle pourra s'utiliser en batterie constituée pour donner des éclairages avec des lampes de faible voltage. Malgré tout, ce fonctionnement peut être commode, bien qu'il ne soit pas comparable, comme économie, avec le courant fourni par une machine.

Néanmoins, ce genre d'installation rendra service quand le nombre de lampes sera très faible et qu'il n'y aura pas possibilité d'avoir d'autres sources de courant.

CHAPITRE II

Les Accumulateurs

Lorsqu'on décompose l'eau au moyen d'un courant agissant sur deux électrodes plongées dans de l'eau acidulée, on constate qu'il se dégage de l'oxygène sur une électrode et de l'hydrogène sur l'autre.

Si au bout de quelque temps, on interrompt le courant et si on relie les deux électrodes aux deux bornes d'un appareil de mesure, on constate qu'il se produit un courant de sens opposé au premier.

Ceci vient de ce que la lame qui plonge dans l'eau était recouverte de bulles de gaz et que dès que le courant primitif cesse, les gaz oxygène et hydrogène se combinent pour reformer de l'eau.

Cette combinaison donne naissance à un courant de sens inverse du premier.

Si les deux électrodes sont constituées par un métal attaquable, tel que le plomb, le phénomène est un peu différent :

La lame qui est reliée au pôle négatif reprend un éclat brillant et se recouvre de bulles d'hydrogène qui se dégagent.

La lame positive se couvre au contraire d'une couche d'oxyde de plomb qui reste fixée sur la lame. Quand cette dernière est complètement recouverte d'oxyde, on constate alors seulement le dégagement d'oxygène.

On dit que les lames de plomb sont chargées si on les relie par un conducteur. On constate qu'il se produit un courant de décharge dont le sens est l'inverse du courant de charge.

La lame positive perd peu à peu sa nuance foncée au fur et à mesure que l'oxyde disparaît. Grâce à cette succession de phénomènes, on peut construire des appareils appelés accumulateurs dans lesquels on emmagasinera du courant électrique fourni par une source de courant.

Ce courant électrique sera restitué pendant la décharge après un temps plus ou moins long et à des intervalles quelconques, comme on le désire.

La période d'emmagasinement du courant constitue la charge.

On a donné quelquefois aux accumulateurs le nom de piles secondaires, mais cette expression est tout à fait impropre, car il ne se crée pas de courant, on ne fait que restituer, sous une forme qui, d'ailleurs, peut être différente, le courant qu'on a fourni préalablement.

Différentes sortes d'Accumulateurs

On peut diviser les accumulateurs en deux sortes différentes. Ceux dans lesquels les électrodes sont constituées simplement par des plaques de plomb et ceux dans lesquels les électrodes sont formées par des grilles en plomb remplies d'une pâte préparée à l'oxyde de plomb.

Les premiers ont l'avantage d'être solides, car c'est simplement le changement d'état du plomb qui leur donne les propriétés d'emmagasiner

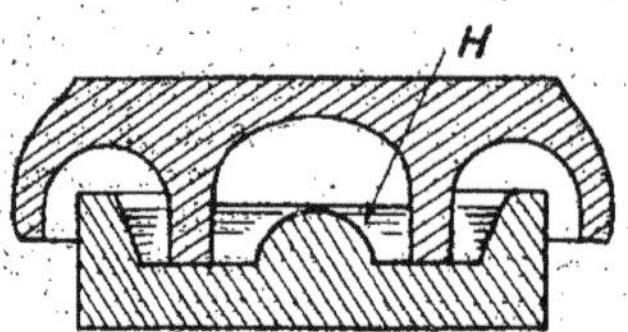

Coupe d'un isolateur en porcelaine qu'on place sous les bacs d'accumulateurs.

Le chapeau baigne dans l'huile lourde H que contient le socle.

l'énergie électrique, mais ils exigent une série de charges et de décharges préalables, avant de pouvoir fonctionner d'une façon satisfaisante.

Il en résulte une consommation préalable de courant qui est coûteuse, mais le deuxième genre d'accumulateurs avec pâte d'oxyde de plomb a l'inconvénient d'être plus fragile et de déterminer parfois des court-circuits entre les plaques par la chute de la matière active.

Chaque système a donc ses avantages et ses inconvénients.

Néanmoins, pour les usages courants, les accumulateurs à grilles sont actuellement les plus employés.

On peut construire soi-même des accumulateurs, mais les résultats obtenus par un amateur ne peuvent être que médiocres.

Cette construction est plutôt un amusement qu'une chose plus utile, à moins bien entendu qu'elle soit faite par une personne très compétente et bien outillée.

Il nous semble préférable de se procurer dans le commerce des éléments tout faits, qui donneront plus de satisfaction et qui auront plus de durée.

Quel que soit le modèle d'accumulateur employé, chaque élément est constitué par un nombre variable de plaques parallèles alternativement positives et négatives, qui sont séparées les unes des autres par des cales ou des peignes en bois, en verre, en porcelaine, en ébonite, etc.

Une barre de connexion générale réunit la plaque positive, et une autre barre réunit la plaque négative. Ces deux barres constituent les pôles positifs et négatifs de la batterie.

Le récipient qui contient le liquide dans lequel baignent les plaques est en verre, en grès, en ébonite, quelquefois en bois doublé de plomb.

Pour les modèles portatifs comme ceux qui sont utilisés dans l'automobile, on emploie des bacs en celluloïd.

Montage des Accumulateurs

La batterie d'accumulateurs destinée à un usage domestique doit être installée dans un endroit sec, à température la plus uniforme possible et cet endroit devra être bien ventilé. Une disposition particulièrement intéressante consiste dans l'utilisation d'un sous-sol ventilé suffisamment.

On dispose les éléments d'accumulateurs les uns à côté des autres, de préférence sur une seule ligne. On utilise pour cela un chantier en bois suffisamment robuste. Sous chaque bac, on place des isolateurs en verre ou en porcelaine qui sont destinés à isoler l'élément.

Les isolateurs sont en deux pièces. La partie inférieure contient de l'huile lourde de pétrole dans laquelle plonge la partie supérieure. Entre ces isolateurs et le fond du vase, on interposera une plaquette en bois pour éviter les fêlures possibles quand il s'agit de vase en verre.

Pour empêcher l'attaque du bois par les émanations acides, on vernit généralement le chantier par un vernis inattaquable aux acides.

Une bonne combinaison est la suivante :

On imprègne le bois, fraîchement travaillé, de 10 grammes de chlorure d'ammonium, 10 grammes de chlorure d'aniline dans 60 grammes d'eau. On laisse sécher à l'air et on imprègne ensuite d'une seconde solution de 200 grammes de sulfate de cuivre, 100 grammes de chlorate de potasse dans 150 grammes d'eau.

Cette application est recommencée deux ou trois fois après séchage.

Sur la surface du bois ainsi traité, on dépose de la poudre de savon et on lave. On laisse sécher, et on passe ensuite une couche d'huile de lin crue.

Les éléments sont séparés par un intervalle de quelques centimètres, et avant de placer les électrodes, on nettoie le vase et on l'enduit de paraffine sur les bords, comme pour les piles Leclanché.

On ne doit employer les électrodes qu'après les avoir examinées soigneusement.

Généralement les pôles sont marqués des signes ou —. Quelquefois même le pôle positif est marqué en rouge. On les dispose les uns par rapport aux autres dans les différents éléments suivant le couplage qu'on veut réaliser.

On a soin de placer les cales pour

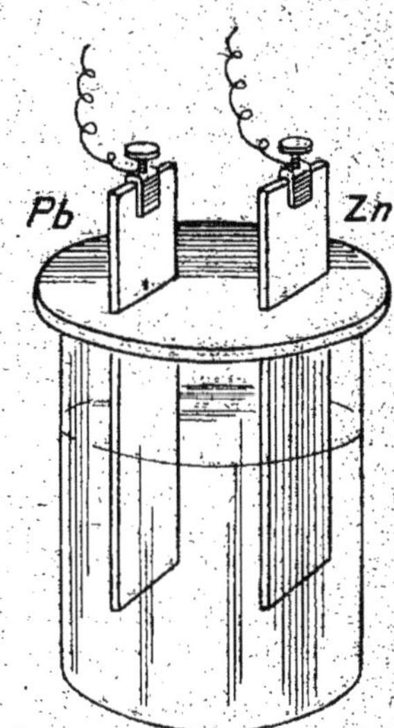

Une soupape électrolytique comporte une électrode Pb en plomb et une Zn en aluminium. Le courant alternatif ne peut passer que dans un sens.

séparer les électrodes. Les bornes sont nettoyées au papier de verre, et les éléments sont réunis entre eux au moyen de barres de cuivre, dont la section est suffisante pour laisser passer l'intensité du courant fourni.

Ceci fait, il est bon de numéroter chaque élément. Le liquide qui sera versé dans l'accumulateur est une

solution d'acide sulfurique dans l'eau.
On aura soin de faire cette solution, en versant l'acide dans l'eau très progressivement et en mélangeant avec une baguette de verre. Le mélange s'échauffe et on doit le laisser refroidir avant de le mettre dans les bacs.

La manipulation de l'acide doit toujours s'accompagner des plus grandes précautions, afin d'éviter l'action corrosive de cet acide.

On doit porter ses soins sur l'entretien de l'électrolyte. Celui-ci est formé au début de 21 parties d'eau pour 5 volumes d'acide sulfurique, et le niveau doit être maintenu jusqu'à 10 à 12 mm. au-dessus du plan supérieur des plaques.

La composition du bain ne reste pas invariable. En effet l'eau s'évapore et la concentration en acide augmente.

Par conséquent, il faut ajouter de l'eau chaque fois que le niveau diminue. L'eau qu'on doit prendre doit être de l'eau distillée. Il ne faut jamais faire usage d'eau ordinaire. A la rigueur, on peut se contenter de prendre de l'eau de pluie, mais il faut qu'elle soit fraîche et qu'elle n'ait pas séjourné dans un récipient, ni dans une citerne.

On peut contrôler la teneur en acide au moyen d'un pèse-acide en degrés Beaumé. Le pèse-acide doit flotter dans cet électrolyte et marquer 20°.

On ne doit jamais ajouter au bain ni acide pur, ni électrolyte, à moins bien entendu que le bris d'un vase ait fait perdre une quantité d'électrolyte autrement que par évaporation.

Toutes ces précautions s'appliquent aux accumulateurs, quel qu'en soit le système, même pour les accumulateurs relativement récents, dits accumulateurs au nickel.

Ce genre d'élément, appelé également élément Edison, comporte une lame positive en acier, recouverte d'oxyde de nickel. La lame négative est constituée par de la limaille de plomb agglomérée.

Le bain électrolyte n'est pas de l'acide, mais une solution de potasse caustique.

Le voltage de ces éléments n'est que de 1 volt 25 et leur rendement est inférieur à celui des accumulateurs au plomb. Il n'est guère que de 50 0/0, alors qu'avec des éléments au plomb on peut arriver à 80 0/0.

On appelle rendement d'un accumulateur le rapport du courant restitué par l'élément à la quantité du courant qui lui a été fourni par la charge.

CAPACITÉ DES BATTERIES D'ACCUMULATEURS

On appelle capacité d'une batterie la quantité de courant qu'elle peut fournir. Cette quantité se mesure par l'intensité, c'est-à-dire en ampères, au moyen d'un appareil appelé ampère-mètre.

La batterie étant complètement chargée, a une capacité qu'on évalue en ampères-heure : Un ampère-heure étant le courant fourni par une batterie qui débite dans un circuit un ampère, mesuré sur l'ampèremètre, pendant une heure. On a ainsi par exemple une batterie de 40 ampères-heures qui pourra fournir un ampère pendant 40 heures, deux ampères pendant 20 heures, 4 ampères pendant 10 heures, etc.

Les accumulateurs de construction sérieuse ont une capacité de 0,10 ampère-heure par centimètre carré de plaque positive.

Le couplage des éléments d'accumulateurs peut d'ailleurs revêtir les mêmes formes que le couplage des éléments de piles, suivant le voltage désiré, étant donné que le voltage d'un élément d'accumulateur au plomb est toujours de 2 volts.

On peut avoir le montage en série, en parallèle, ou en série parallèle. Le plus généralement, le montage des batteries se fait en série.

Par suite, on peut calculer facilement le nombre d'éléments qu'on doit employer pour une installation donnée, soit qu'il s'agisse d'éclairage ou de toute autre utilisation.

Supposons que cette installation doive fournir 30 ampères-heures pendant 6 heures : cela fait 180 ampères-heures. En admettant une perte de tension de 10 0/0 pour les différents conducteurs, en supposant que la différence de potentiel nécessaire soit de 55 volts, nous prendrons 60 volts pour la batterie, ce qui nous fera 30 éléments d'accumulateurs.

La capacité étant la quantité totale d'énergie qu'un élément peut fournir, on prendra des éléments susceptibles de fournir 180 ampères-heure.

On peut admettre qu'en moyenne la capacité d'un élément est de 10 ampères-heures pour un kilogr. d'électrodes ; mais étant donné qu'on ne peut complètement décharger l'élément et qu'on ne peut utiliser que les 2/3 de la charge totale, on comptera 6 ampères par kilo.

Dans ces conditions, pour avoir le débit de 30 ampères-heures en 6 heures, il faudra des éléments contenant 30 kilos de plaques.

Le même calcul serait, d'ailleurs identique avec des chiffres d'intensité et de voltage différents.

CHARGE DES ACCUMULATEURS

La charge des accumulateurs est une chose délicate ; elle doit s'effectuer avec un courant déterminé qui ne doit pas aller au delà des limites prévues par les constructeurs.

Généralement, l'intensité est de

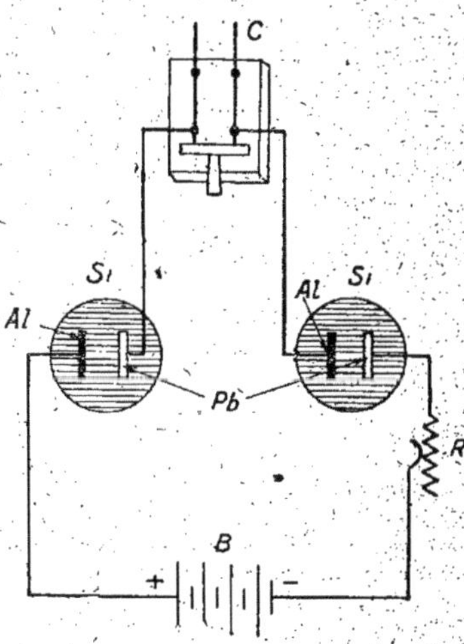

MONTAGE DE DEUX SOUPAPES
ÉLECTROLYTIQUES (81).

Le courant alternatif reçu en C ne passe que dans le sens Plomb-Aluminium. Il peut donc charger la batterie B grâce à l'action des électrodes Pb en plomb et Al en aluminium. Une résistance R réglable permet de donner au courant la tension convenable pour la charge de la batterie.

3/4 d'ampère par kilogr. d'électrodes. Ainsi la batterie précédente ne devra pas être chargée avec un courant d'une intensité supérieure à 22 ampères 5.

Quand on dispose du courant du secteur pour la charge des accumulateurs, on l'emploie de préférence en réduisant ce courant à la tension voulue, par les moyens que nous indiquerons.

Quand on n'a pas de courant, on emploie une dynamo, ou à la rigueur des piles s'il s'agit d'un petit nombre d'éléments d'accumulateurs et surtout si le prix de revient du courant n'entre pas en ligne de compte.

L'avantage de l'utilisation du courant venant d'accumulateurs au lieu de piles résulte de ce que les accumulateurs fournissent un courant régulier, ce que certains modèles de piles ne donnent pas. Mais cette combinaison est peu intéressante à l'heure actuelle.

S'il s'agit d'une batterie d'accumulateurs importante dans une installation domestique, surtout pour l'éclairage d'une ferme, d'un château, etc., la batterie d'accumulateurs sera toujours accompagnée d'une dynamo de charge, qui participera en général simultanément à la fourniture du courant nécessaire à l'installation.

La dynamo qu'il faut préférer pour charger les accumulateurs est celle qui est excitée en dérivation. On maintient l'intensité du courant constante, au moyen d'une résistance réglable, ou rhéostat d'excitation dans le circuit des inducteurs. On règle aussi le voltage du courant fourni par la dynamo. Ce voltage doit être un peu plus fort que celui de la batterie que l'on charge.

Chaque élément d'accumulateur a alors une différence de potentiel aux bornes égale à 2 volts 1/2.

Ainsi, dans l'exemple précédent où nous avions 30 éléments, il faudra compter que la dynamo ait une force électromotrice plus grande que 75 volts.

Pour opérer convenablement la charge, il est nécessaire que l'on réunisse sur un tableau plus ou moins complet les différents appareils de mesure, de réglage et de contrôle qui doivent intervenir.

En principe, le tableau sera disposé de manière à pouvoir charger les éléments et à pouvoir alimenter le circuit par les accumulateurs.

Ce tableau sera plus complet encore si la batterie d'accumulateurs doit marcher parallèlement avec la dynamo pour fournir l'éclairage, ce qui est le cas d'ailleurs le plus fréquent.

Voyons pour l'instant le cas le plus simple que l'on rencontre pour la charge de la batterie :

Le circuit de la charge doit comprendre entre la dynamo et les accumulateurs : un coupe-circuit fusible destiné à limiter l'intensité du courant, un interrupteur permettant de couper le courant ou de le rétablir à volonté, un ampèremètre qui mesurera l'intensité et un voltmètre qui vérifiera le voltage de la dynamo.

Enfin un disjoncteur automatique coupera de lui-même le circuit, si la force électro-motrice de la batterie devient inférieure à celle qui est nécessaire. On évite de cette façon que les accumulateurs fournissent du courant à la dynamo et la mettent hors de service.

Un réducteur permettra de placer dans le circuit ou d'en retirer un certain nombre d'éléments d'accumulateurs.

Pour charger, on s'assure que les connexions sont bien faites et on met la machine à sa vitesse normale, de manière que la force électromotrice soit bien atteinte. Dès que cela a lieu, on ferme l'interrupteur, et on commence la charge.

Celle-ci est terminée quand on s'aperçoit du dégagement de grosses bulles gazeuses qui montent à la surface. Chaque élément d'accumulateur présentera aux bornes à ce moment une différence de potentiel de 2 volts 1/2.

On coupe alors le courant et on arrête la dynamo.

DÉCHARGE

Pour décharger la batterie, c'est-à-dire pour utiliser l'énergie électrique qu'on y a emmagasinée, on aura un certain nombre d'appareils placés entre la batterie et le circuit d'utilisation.

D'abord un réducteur permettra d'introduire ou de retirer un certain nombre d'éléments, afin d'avoir un voltage toujours constant. Comme précédemment, on aura un fusible, un interrupteur général, un ampèremètre et un voltmètre.

Tous ces appareils seront fixés sur un panneau vertical qui sera placé dans le local où se trouve la batterie, et généralement aussi la dynamo de charge.

Le courant de décharge de la batterie doit toujours s'effectuer de façon qu'on ne dépasse pas l'intensité maximum prévue pour le genre d'éléments.

La décharge ne devra jamais être poussée à fond et elle sera arrêtée quand chaque élément n'aura plus qu'un voltage de 1,8.

Après chaque décharge partielle ou complète, il faut procéder à une charge nouvelle dans le délai le plus court possible et ne pas laisser 24 heures entre la fin de la décharge et une nouvelle charge.

CHARGE AVEC LE COURANT DU SECTEUR

Lorsqu'on veut utiliser le courant fourni par le secteur pour la charge d'une batterie d'accumulateurs, il arrive qu'en général ce courant, lorsqu'il s'agit de courant continu, est à une tension plus élevée que celle nécessaire à la batterie.

Il faut donc absorber par une résistance supplémentaire la quantité de volts qui existe en trop.

Par exemple, dans l'exemple précédent, nous devions avoir 75 volts. Supposons que le secteur fournisse du courant à 110 volts, nous devons absorber la différence, soit 35 volts, au moyen d'une résistance.

Cette résistance sera le plus souvent une résistance liquide constituée par deux électrodes en métal ou en charbon, qui plongent dans de l'eau conductrice, comme s'il s'agissait d'un voltmètre ordinaire. La grandeur des plaques dépend de l'intensité du courant qui doit passer.

On peut également utiliser des lampes à incandescence comme résistances.

On peut aussi grouper les éléments d'une façon différente pour la charge, par exemple en série parallèle afin d'obtenir un nombre de volts déterminés. Mais ici cela n'offre aucun intérêt, étant donné que le voltage de 110 est supérieur à celui de la batterie, lorsque les éléments sont tous montés en série.

Lorsque le courant dont on dispose n'est pas du courant continu, mais du courant alternatif, il est impossible de charger les accumulateurs avec ce courant qui change continuellement de sens, en effet il est nécessaire que l'action chimique se fasse toujours dans le même sens sur les électrodes des accumulateurs.

Il faut donc transformer le courant alternatif en courant continu.

Lorsqu'il s'agit d'installations puissantes, on emploie des machines électriques qui tournent et qui sont alimentées d'un côté par du courant alternatif, pour restituer de l'autre côté du courant continu.

C'est ce qu'on appelle des transformateurs rotatifs, mais pour une installation domestique, on ne saurait songer à employer de telles machines.

On les remplace alors par des redresseurs qui fournissent du courant évidemment variable, mais toujours de même sens. La partie du courant alternatif, qui était de sens contraire au sens désiré, a alors changé automatiquement de sens grâce à un organe approprié.

Ces redresseurs sont basés soit sur la vibration d'un ressort qui interrompt le contact et le rétablit au moment voulu (redresseurs à vibreurs), soit sur la particularité d'un groupement d'électrodes : plomb et aluminium, qui ne laisse passer le courant que dans le sens plomb-aluminium et qui l'interrompt dans le sens contraire. Il s'ensuit que le courant alternatif ne peut passer que suivant une même polarité, une polarité inverse étant interrompue (soupapes électrolytiques).

Enfin, les redresseurs à vapeur de mercure agissent de la même façon que les appareils électrolytiques, mais ils fonctionnent avec plus de sécurité, et avec un meilleur rendement.

Il existe d'ailleurs des installations toutes faites dans le commerce pour charger les accumulateurs à un voltage donné. Ces appareils sont alors souvent combinés, en particulier pour la charge de toutes petites batteries, avec des transformateurs qui commencent par abaisser la tension à une tension voisine de la charge nécessitée par la batterie.

On a, de cette façon, une grande économie de courant que l'on ne saurait réaliser avec le courant continu. Avec celui-ci, en effet, tout le voltage absorbé dans la résistance constitue de l'énergie perdue, mais il n'est pas possible avec le courant continu de se servir d'un transformateur.

Entretien des Accumulateurs

La batterie d'accumulateurs est un organe fragile qui doit être maintenue constamment en bon état, si l'on veut avoir un rendement convenable et une durée suffisante des éléments.

On doit, autant que possible, charger une batterie tous les jours jusqu'au bouillonnement. A ce moment, le liquide a une apparence laiteuse à cause du dégagement gazeux.

Si la charge ne peut être effectuée chaque jour, il faut au minimum qu'elle puisse être faite une fois par semaine.

Néanmoins, on ne doit jamais laisser les accumulateurs déchargés, car on produirait sur la surface des électrodes du sulfate de plomb qui accroîtrait la résistance intérieure de la batterie.

L'évaporation des liquides et les projections sont diminuées en recouvrant chaque élément par une plaque de verre.

On protège ainsi l'élément de la poussière et de la chute de corps étrangers.

On maintient le niveau du liquide constant dans les bacs, et on essuie les vases et leurs supports dès qu'on constate un endroit avec de l'humidité.

Quand il s'agit d'éléments d'accumulateurs à pastilles rapportées, la matière des pastilles se désagrège toujours un peu, et forme un dépôt au fond du vase que l'on doit nettoyer de temps à autre.

Certains appareils permettent de

pomper la boue qui se trouve ainsi déposée au fond des bacs. La pompe est double et à mesure qu'on pompe du liquide dans le fond on en ajoute à la surface avec la deuxième pompe. De cette façon les électrodes ne se trouvent jamais à l'air libre.

Dès qu'on retire une plaque de l'élément, on ne doit pas la laisser exposée à l'air, mais on la plonge dans un vase plein d'eau distillée, afin d'enlever toute trace d'acide.

Les connexions qui sont constituées par des barres soit soudées, soit réunies à des bornes, doivent toujours être propres. Quand elles sont exposées aux projections du liquide, on les enduit de vernis au bitume de judée ou simplement de vaseline.

Enfin, si la batterie doit rester quelque temps sans servir, on chargera complètement.

Si l'inaction doit durer plusieurs mois, on démontera la batterie une fois chargée en conservant les plaques négatives dans de l'eau ; les plaques positives essuyées étant simplement laissées au sec.

Enfin, certains appareils accessoires, tels que les conjoncteurs-disjoncteurs, les réducteurs, permettent de faire fonctionner automatiquement la batterie avec la dynamo.

On doit vérifier de temps à autre, le voltage de chaque élément d'accumulateur. On emploie pour cela des petits voltmètres de poche qui sont commodes, tout en étant relativement peu précis. On vérifie également de temps en temps la densité de l'électrolyte, au moyen d'un pèse-acide.

EMPLOI DES ACCUMULATEURS

L'accumulateur donne un courant constant comme intensité et comme voltage tant que la décharge n'est pas complète. Aussi on a pensé à les utiliser pour remplacer les piles électriques chaque fois que cela était possible, mais il nous paraît superflu de faire intervenir une batterie d'accumulateurs entre la batterie de piles et les appareils d'utilisation, comme des petites lampes d'éclairage.

La batterie d'accumulateurs avec son rendement vient encore augmenter le prix du courant fourni par la pile.

La question était intéressante quand on pensait réaliser des installations de forte intensité au moyen des piles électriques. Aujourd'hui que cette combinaison a vécu à cause de la diffusion des secteurs électriques, on n'emploie les piles électriques que directement sur les appareils.

L'accumulateur, au contraire, sera toujours utilisé dans une installation d'éclairage, par exemple lorsque le courant est fourni par une dynamo.

La batterie d'accumulateurs peut en effet servir de secours, lorsque la dynamo vient à manquer. La chose est également vraie, quand on utilise le courant d'un secteur. Elle permet aussi de fournir un appoint intéressant pour une période intensive d'éclairage.

Généralement la batterie fonctionne alors en même temps que la dynamo qui la charge. Son courant s'ajoute quand cela est nécessaire, et au contraire, quand le courant fourni par la dynamo est trop intense, l'excès se rend à la batterie pour parfaire la charge.

C'est ce qu'on appelle le fonctionnement en batterie-tampon.

On emploie dans cette disposition, l'appareil dit conjoncteur-disjoncteur. Cet appareil ferme le circuit de charge dès que la dynamo a une force électromotrice suffisante. Il coupe le circuit, si cette force électromotrice devient trop faible.

Le fonctionnement de tous ces genres d'appareils est basé sur l'attraction d'un fléau par des électro-aimants. Le fléau commande des interrupteurs constitués par des pointes qui plongent dans des godets de mercure et qui coupent ou qui rétablissent les circuits appropriés.

Sulfatation des Accumulateurs

Lorsqu'un accumulateur a été malmené, il se produit, sur la plaque positive, du sulfate de plomb.

Lorsqu'on recharge l'accumulateur, le sulfate de plomb sur le pôle négatif est bien décomposé, mais celui du pôle positif n'est pas atteint.

La capacité de l'accumulateur est diminuée d'autant.

Cette formation de sulfate sur la plaque positive peut provenir d'un court-circuit, d'un électrolyte concentré ou impur, d'une inaction prolongée de l'appareil non chargé. La couleur de la plaque positive est devenue brun clair, la plaque négative est blanche.

Pour faire disparaître ce sulfate, on recharge lentement l'élément, en remplaçant l'acide par de l'eau, puis on le surcharge légèrement. Ceci affaiblit plus ou moins la plaque.

Une autre méthode meilleure est la suivante :

On démonte et on nettoie l'élément, puis on le charge jusqu'au bouillonnement. On le décharge ensuite et on le recharge à nouveau.

On calcule alors soigneusement le rendement du courant fourni et du courant reçu. Si ce rendement est moins de 50 0/0, on vide l'élément et on plonge les plaques dans l'eau distillée. Ensuite on introduit dans l'élément une solution de soude caustique à 5 0/0 et on charge à nouveau.

On ajoute de la soude pour que l'électrolyte ne donne pas de réaction acide tant que le sulfate n'aura pas complètement disparu. On continue la charge jusqu'à ce que la plaque positive ait repris sa teinte chocolat.

A ce moment, on remplace la solution de soude par de l'acide, et on continue à charger l'élément à fond.

Une méthode originale est la suivante :

On considère l'élément d'accumulateur détérioré comme une pile électrique.

Le pôle positif étant constitué par l'ensemble de plaques de l'élément d'accumulateur, l'électrolyte sera de l'eau acidulée avec un peu d'acide sulfurique.

Le pôle négatif est une lame de zinc amalgamé ou d'aluminium qui plongera dans l'électrolyte. Le sulfate de plomb qui se trouve à la surface des plaques constitue le dépolarisant.

Par suite, si l'on réunit les deux pôles de la pile ainsi formée par un fil de cuivre de diamètre assez important, on mettra la pile en court-circuit, et elle fonctionnera en débitant du courant dans ce conducteur.

Peu à peu le sulfate de plomb se décompose, mais au fur et à mesure que ce sulfate disparaît, on déplace la lame de zinc aux endroits convenables, pour produire la disparition totale de ce sulfate.

L'opération est assez longue. Elle dure plusieurs jours, mais elle se fait automatiquement et n'exige qu'une surveillance très intermittente.

Quand l'opération est finie, on rince les électrodes et le bac, et on remet l'accumulateur en service.

CHAPITRE III

Machines électriques domestiques

DYNAMOS

Les machines employées pour la production du courant destiné à une installation domestique, sont presque toujours des machines à courant continu.

En effet, l'installation comporte inévitablement une batterie d'accumulateurs qui sert de réservoir de courant et de source de secours, en cas de panne de la machine.

On sait que les accumulateurs doivent être chargés avec du courant continu, et par suite il ne serait pas logique de produire du courant alternatif. On serait obligé de le redresser pour la charge des accumulateurs. Il est préférable de produire directement le courant continu.

Les modèles actuels de machines, susceptibles d'être utilisés pour ces applications, sont extrêmement nombreux. La dynamo de faible puissance, qui était rare autrefois, existe aujourd'hui partout et peut être trouvée sans difficulté.

En principe, une dynamo comporte un inducteur qui est formé d'un électro-aimant à une ou deux bobines. Cet électro-aimant crée une aimantation intense dans une carcasse qui porte des épanouissements formant des pôles.

Les bobines de l'inducteur sont parcourues par un courant continu.

L'induit est la partie mobile de la dynamo. Pour les petites machines domestiques, il est bobiné d'une façon simple, soit en anneau, soit en tambour.

Les courants dans l'induit se pro-duisent par un phénomène d'induction, c'est-à-dire que chaque fois qu'une spire de fil de l'induit est traversée par un flux magnétique, un courant se forme dans cet enroulement induit chaque fois que le flux varie, soit qu'il augmente, soit qu'il diminue.

Le mode d'enroulement en anneau est le type des machines dites à anneau Gramme.

Le noyau des anneaux Gramme est constitué par du fil de fer doux recou-

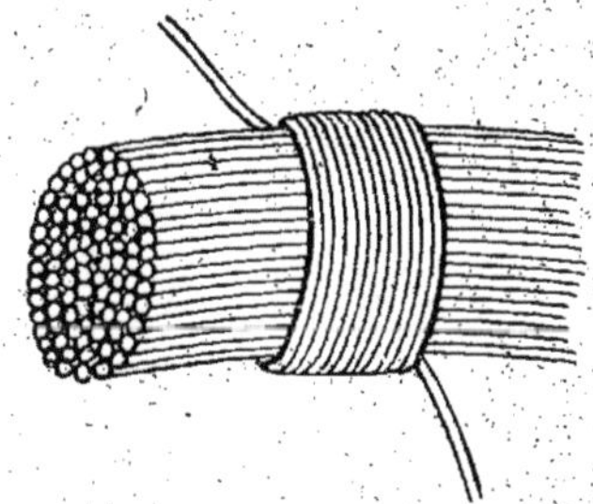

Section d'un anneau Gramme constitué par une couronne de fils de fer doux. Le bobinage induit entoure complètement cet anneau.

vert d'un vernis, et enroulé sur lui-même un grand nombre de fois. Quelquefois aussi, il est établi avec des disques en tôle mince assemblés et isolés.

On ne saurait en effet faire ce noyau d'une seule pièce, car on aurait des courants parasites qui chaufferaient la machine.

Dans l'induit en tambour, le noyau a la forme d'un cylindre, et il est formé de disques empilés et isolés. Le fil est placé suivant les génératrices de ce cylindre, et les diverses sections sont reliées les unes aux autres par l'intermédiaire du collecteur.

Le collecteur existe d'ailleurs également dans l'enroulement en anneau. C'est l'élément indispensable dans une dynamo. C'est même l'organe caractéristique d'une machine produisant du courant continu.

En effet, au fur et à mesure que l'enroulement induit se déplace devant le flux magnétique, il en résulte

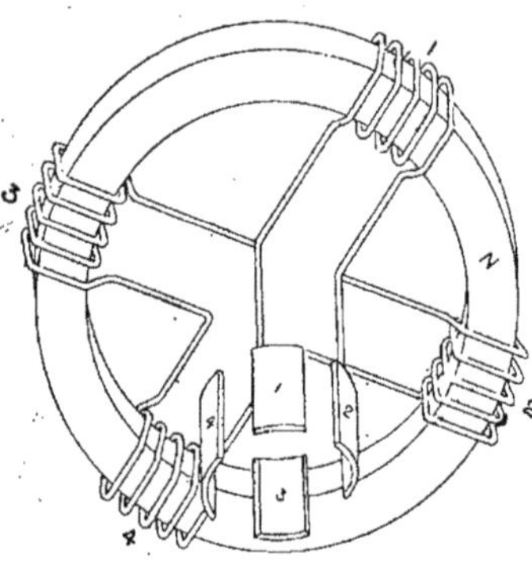

ENROULEMENT D'UN INDUIT DE DYNAMO EN ANNEAU.

Le noyau N est divisé en sections 1, 2, 3, 4 qui l'entourent complètement et dont les jonctions sont rattachées aux lames du collecteur. Les lames 1 et 2 sont seules rattachées, les lames 3 et 4 ne le sont pas encore.

la production de courants qui sont continuellement variables et qui arrivent même à changer complètement de sens.

Si l'on recueille tels quels ces courants, on obtient un courant constamment variable, dénommé par suite : courant alternatif.

On peut recueillir ce courant en le redressant, c'est-à-dire en s'arrangeant pour que le collecteur ne laisse passer le courant que dans un sens déterminé. On obtiendra donc un courant toujours de même sens, mais qui malgré tout sera encore alternatif, car il est continuellement variable.

Dans le courant continu, au contraire, il est nécessaire d'avoir une force électro-motrice d'un nombre de volts pratiquement constant. C'est pour cela que l'induit comporte un grand nombre de spires, et que ces spires sont groupées de façon que le courant recueilli ait toujours sensiblement la même valeur.

Nous avons dit que le collecteur était l'organe commutateur destiné à obtenir du courant continu : il est constitué par des lames métalliques isolées l'une de l'autre et réunies de manière à former une sorte de cylindre solidement assemblé.

Sur ce cylindre frottent des balais, soit en cuivre, soit en charbon, qui permettent de recueillir le courant.

A chaque lame de collecteur est soudé le fil d'entrée d'une bobine ou d'une section et le fil de sortie de la précédente.

Les balais recueillent donc le courant et mettent en communication directe le circuit extérieur avec le collecteur.

Pour que la dynamo marche d'une façon parfaite, il est nécessaire que les balais soient réglés et soient placés dans une position déterminée, celle pour laquelle il ne se produira pas d'étincelles.

Au moyen d'un dispositif spécial on amène les balais à la position voulue et ce dispositif, avec colliers de réglage, est alors assujetti avec une vis de pression.

MOTEURS ACTIONNANT LA DYNAMO

Une dynamo est mise en marche au moyen d'un moteur et il y a naturellement pour cela autant de sortes de moteurs qu'il y a de genres de forces motrices susceptibles d'être employées.

Passons-les rapidement en revue :

1°) *Moteur à vent.* — L'emploi du moteur à vent pour actionner une dynamo paraît intéressant, puisque la force motrice ne coûte pas autre chose que les frais d'installation.

Cependant, pour avoir la production du courant d'une façon régulière, il faut considérer que le vent ne souffle que par intervalles, à moins de se trouver dans des régions particulièrement favorisées sous ce rapport.

Il faut donc que la dynamo soit établie spécialement pour pouvoir produire du courant à un voltage suffisant suivant une grande échelle de vitesses.

Les modèles les plus applicables à cet emploi sont alors les dynamos analogues à celles que l'on utilise pour l'éclairage des trains ; le problème du changement de vitesse étant également posé pour les véhicules.

Néanmoins, quand la vitesse devient trop faible, ou même quand elle devient nulle, dans le cas où le vent fait complètement défaut, il est nécessaire d'avoir une réserve de courant importante. Par conséquent, il faut une batterie d'accumulateurs de forte capacité, ce qui vient augmenter d'autant plus les frais d'installation et diminuer l'économie que procurent les forces motrices aériennes.

2° *Chutes d'eau.* — L'utilisation de chutes d'eau lorsqu'on dispose d'un ruisseau à grand débit, et surtout à débit régulier, ou d'une petite chute, montre qu'il est commode et économique d'installer une turbine qui fera tourner la machine dynamo.

Cependant, il faut prendre certaines précautions, au point de vue de l'installation, car on n'est pas toujours libre de placer sur un cours d'eau un appareil hydraulique.

Ce moyen de produire de la force motrice est évidemment très économique ; aussi certains installateurs ont combiné le moteur aérien avec l'installation hydraulique, ce qui est très intéressant quand on n'a besoin que d'une faible quantité de courant.

En effet, le moteur aérien pompe de l'eau ; il remplit alors un réservoir surélevé qui permet l'alimentation en eau d'une ferme, d'un château, etc. Une partie de cette eau pourra

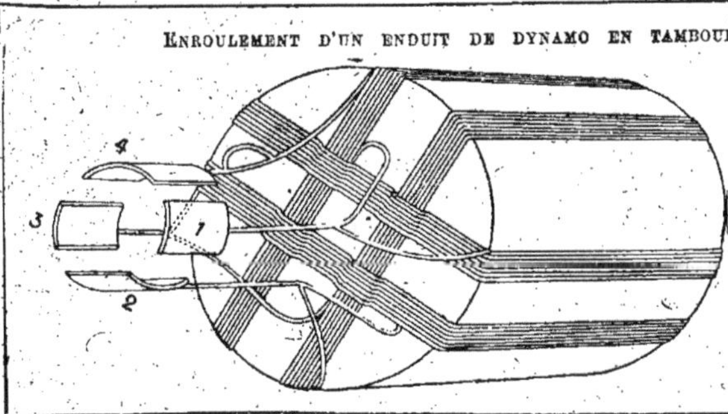

Les *bobinages font tout le tour de l'induit qui a la forme d'un cylindre. Ici il y a quatre séries d'enroulements qui correspondent aux lames 1, 2, 3 et 4 du collecteur.*

*Le démarreur est une résistance qui permet de
faire varier le courant qui excite les inducteurs
d'un moteur. Une manette se déplace sur des
plots qui, de gauche à droite, diminuent progressivement la résistance électrique qui est en jeu.*

être utilisée pour faire marcher une petite turbine, laquelle fera tourner la dynamo.

Il existe pour cela de petites turbines simples et pratiques.

3°) *Moteurs à explosion.* — Pour une installation domestique, lorsqu'on ne peut disposer de force hydraulique ou aérienne, il est tout indiqué d'employer le moteur à explosion ; que ce soit un moteur à gaz de ville, un moteur à gaz pauvre, à essence, à huile lourde, ou même à naphtaline.

Il existe actuellement des modèles de tous ces moteurs, dont la puissance commence à partir de deux chevaux, ce qui est suffisant pour une installation domestique ordinaire.

Le moteur à essence en particulier, s'il est un peu plus coûteux comme combustible est d'une mise au point plus sérieuse et d'un fonctionnement plus sûr. L'approvisionnement en combustible est aussi plus commode. La connaissance actuelle si développée du moteur d'automobile rend la pratique du moteur à essence beaucoup plus accessible.

On peut même, pour cela, utiliser les moteurs à essence de motocyclette par exemple, que l'on disposera sur un bâti approprié.

Leur inconvénient vient évidemment de la vitesse élevée à laquelle ces moteurs tournent. Cependant en commandant la dynamo par une courroie, et en employant sur la dynamo une poulie d'un diamètre convenable, on pourra produire la vitesse de la machine électrique à la valeur qu'elle doit avoir.

Il est très original dans cet ordre d'idées, d'employer une moto-roue pour actionner la machine dynamo.

*Le rhéostat à curseur porte une partie mobile
qui coulisse sur une bobine de fil nu à spires
écartées. Le courant arrive au curseur et sort par
une extrémité de la bobine. On peut faire varier
la quantité de fil où passe le courant, par suite
la résistance électrique du rhéostat.*

Celle-ci est placée sur un bâti et peut entraîner par friction un tambour en bois. Sur l'axe de ce tambour est montée la poulie qui porte la courroie de la machine dynamo.

Il y a là toute une série de combinaisons plus originales les unes que les autres, dans lesquelles l'ingéniosité du propriétaire d'un moteur d'automobile pourra se donner libre cours.

Tableau de Distribution

Quelle que soit la manière dont on actionne la dynamo, il est nécessaire d'avoir un petit tableau de distribution, sur lequel on groupera les organes nécessaires au fonctionnement.

On aura tout d'abord un interrupteur qui permettra de séparer la dynamo du circuit d'utilisation ; le rhéostat d'excitation qui servira à faire varier le courant dans les inducteurs ; un ampèremètre et un voltmètre permettront de connaître à chaque instant l'intensité et le voltage.

Naturellement, des coupe-circuits fusibles seront placés aux bons endroits pour assurer la sécurité de manœuvre.

PARTIES CONSTITUTIVES D'UN MOTEUR.

Au centre la carcasse qui contient les bobines de l'inducteur E, les bobines auxiliaires A, les couronnes R de connexion et les câbles F. L'anneau T permet de soulever le moteur. A gauche, la flasque P qui porte les balais B et le palier I. A droite, la flasque simple P avec ses trois de boulons de fixation dans les oreilles I. En bas, l'induit I moulé sur l'arbre A et avec le collecteur C.

Le rhéostat d'excitation est une résistance constituée par du fil métallique, généralement du maillechort enroulé en hélice. On a ainsi une série de boudins qui viennent aboutir à

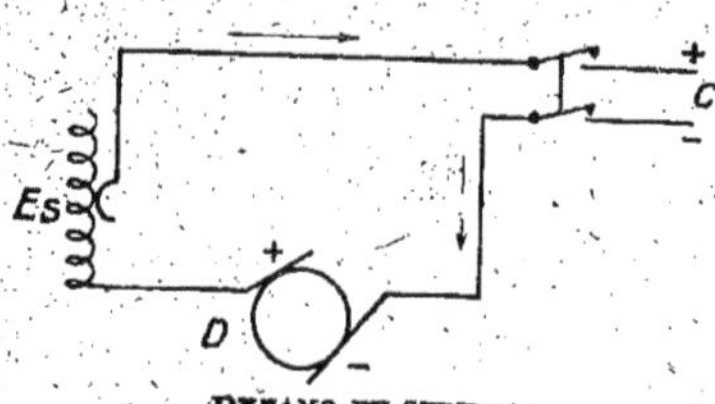

DYNAMO EN SÉRIE.

Tout le courant fourni par la dynamo D passe dans l'enroulement inducteur Es dont on peut cependant ne mettre qu'une partie en circuit. Ce courant alimente ensuite la canalisation C.

des plots sur lesquels frotte un commutateur à manette.

On introduit ainsi dans le circuit des inducteurs, une résistance plus ou moins grande, ce qui diminue d'autant la valeur du courant.

A ce sujet, il est bon de noter que, pour l'alimentation du circuit inducteur, on peut employer différents dispositifs.

La dynamo peut être excitée en dérivation, c'est-à-dire que le circuit inducteur est monté en parallèle avec le circuit induit.

On peut avoir aussi une excitation uniquement en série, c'est-à-dire que l'enroulement inducteur et l'enroulement induit sont montés en série, et que le courant total de l'induit passe dans l'inducteur.

Enfin, on peut avoir un mélange des deux dernières méthodes, et avoir ce qu'on appelle l'enroulement « compound ».

Les dynamos domestiques sont toujours excitées de manière que les inducteurs aient du courant aussitôt que la machine est mise en marche. On aura donc toujours un enroulement inducteur qui sera relié à l'enroulement induit et non indépendant comme dans certaines grosses machines.

Généralement, ce sera un enroulement en dérivation. Sur cet enroulement en dérivation, se montera un rhéostat d'excitation. La manœuvre de ce rhéostat permet de régler le voltage de la dynamo.

Les interrupteurs employés sont des modèles ordinaires. Ils sont calculés pour l'intensité de courant maximum qui doit passer dans le circuit. De même pour les coupe-circuits ou fusibles de sécurité.

La dynamo à excitation compound présente le grand avantage de donner un courant de tension sensiblement constante, quelle que soit l'intensité demandée.

COMMENT CONDUIT-ON UNE DYNAMO ?

La première opération à faire est de vérifier le graissage des paliers,

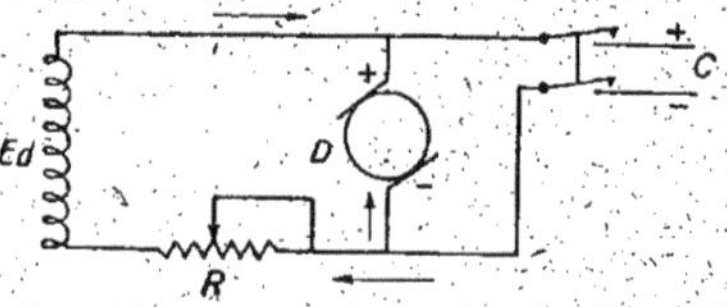

DYNAMO EN DÉRIVATION.

La dynamo D tourne et une partie du courant produit alimente l'enroulement inducteur Ed. Ce courant dérivé est réglé par le rhéostat d'excitation R. Le circuit C est commandé par un interrupteur.

c'est-à-dire les parties dans lesquelles tourne l'arbre.

Ensuite, on fait tourner la machine à vide, c'est-à-dire sans qu'elle puisse débiter du courant dans le circuit,

Pour cela, on maintient l'interrupteur ouvert.

On examine si les balais portent
bien sur le collecteur, si la pression
des ressorts est suffisante, tout en
n'étant pas trop forte. Dans ce cas,
en effet, les balais useraient le collecteur rapidement, en traçant même
des sillons sur cet organe.

Lorsque les balais ne frottent pas
suffisamment, le contact est mal
assuré, il se produit des étincelles,
et on dit que les balais « crachent ».

Pendant la marche de la machine,
on ne doit jamais toucher aux balais,
par exemple, ne pas les soulever car
cela pourrait endommager les enroulements.

Les balais doivent avoir des points
de contact situés sur un même diamètre, ce que l'on regarde et que l'on
contrôle d'ailleurs, en comptant le
nombre des lames. Ces appareils :
balais, porte-balais, connexions, doivent être maintenus toujours en grand
état de propreté et de fonctionnement.

Dans le cas où la machine doit
alimenter un circuit à un voltage
déterminé, ce qui arrive par exemple
pour une installation d'éclairage,
on ferme l'interrupteur, et on met la
dynamo en marche progressivement,
pour arriver à la vitesse susceptible
de donner le voltage voulu.

On a soin d'ailleurs de ne pas
dépasser ce voltage. Souvent des
appareils automatiques appelés dis-
joncteurs peuvent interrompre le circuit dans le cas où le voltage deviendrait trop élevé.

Quand la machine tourne, elle
n'exige que peu de soins pour en
assurer la marche. Elle peut fonctionner toute une journée tout en ne
nécessitant qu'une surveillance intermittente : celle qui consiste à vérifier
l'approvisionnement en huile dans les
graisseurs.

Pour mettre une machine à l'arrêt,
on débraye la dynamo avant de
manœuvrer l'interrupteur sur le circuit. On ne doit jamais couper le
circuit d'utilisation pendant que la
dynamo marche à pleine vitesse.

MOTEURS A COURANT CONTINU

Si l'on prend une machine dynamo
destinée à produire du courant et
si, au lieu de lui communiquer un

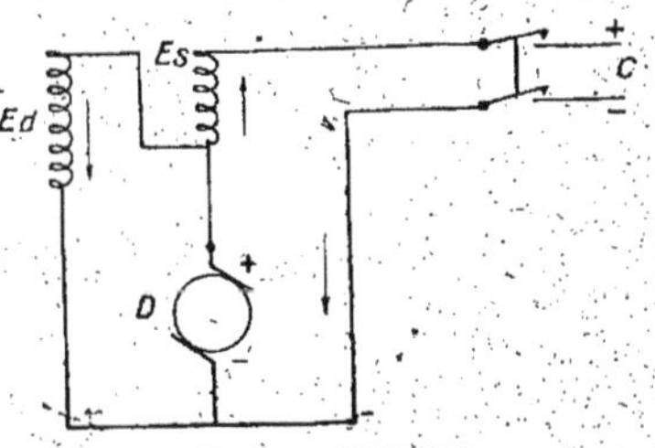

DYNAMO COMPOUND.

*Le courant fourni par l'induit D passe dans
un enroulement inducteur en série Es. Un enroulement inducteur Ed en dérivation s'alimente
aux bornes de l'enroulement induit. Le courant
se rend ensuite dans la canalisation C. Il n'y a
pas besoin ici de rhéostat de réglage.*

mouvement de rotation au moyen
d'un moteur, on alimente l'enroulement induit avec du courant de même
nature que celui que la machine
fournissait, il en résulte que l'induit
prend un mouvement de rotation, de
sens opposé à celui de la machine
dynamo. La machine est un moteur.

Une dynamo est donc un appareil
réversible, c'est-à-dire qu'elle peut
à volonté recevoir du mouvement
et fournir du courant ou faire l'inverse.

Bien entendu, il en résulte dans les
deux cas une perte due au frotte-

ment, due aux courants électriques parasites, due également à la résistance électrique des enroulements.

Le rendement d'un moteur électrique varie de 50 à 90 0/0, et ce rendement diminue au fur et à mesure que la puissance du moteur est nominalement plus faible.

Les moteurs à courant continu

Les balais des petits moteurs sont en charbon fixés à l'extrémité d'un ressort à boudin. On les place dans un logement et ils sont immobilisés par un bouchon isolant qui se visse. Ceci comprime le ressort et donne au balai une pression suffisante sur le collecteur. Devant ce moteur E. M. I. se trouve un balai démonté avec son bouchon. On met en place le deuxième balai.

se distinguent suivant le mode d'excitation qui est employé.

On a le moteur monté en série, en dérivation et le moteur compound. C'est en général ces deux derniers qui sont utilisés pour les applications domestiques.

Les moteurs qui sont montés en dérivation ont un enroulement induit de faible résistance ; ils doivent être alimentés par du courant à un voltage constant ; la vitesse du moteur reste la même quelle que soit la puissance qu'il est obligé de fournir.

Pour modifier la vitesse de ce moteur, on fait, comme dans la dynamo, varier l'intensité de l'excitation, ce qui se produit au moyen d'une résistance à curseur intercalée dans le circuit inducteur.

Quand on augmente l'intensité du courant qui passe dans les inducteurs, c'est-à-dire quand on diminue la valeur de la résistance, on diminue aussi la vitesse du moteur. On l'augmente par la manœuvre inverse.

La seule différence qui existe donc au point de vue construction, entre une dynamo et un moteur à courant continu, vient du calage différent des balais. Ce calage est d'ailleurs indiqué par le constructeur quand il livre le moteur.

Marche du Moteur

Quand un moteur tourne et qu'il marche à vide, il développe une force électromotrice qui, ajoutée à celle de la résistance électrique de l'induit absorbé, équilibre la force électromotrice du courant qui alimente le moteur.

Par conséquent, si on fermait le circuit sur le moteur arrêté au moyen d'un interrupteur, la source de courant ayant un voltage constant, il passerait immédiatement dans l'enroulement induit un courant extrêmement intense, étant donné la faible résistance de cet enroulement induit.

Ce courant dans l'induit diminuera évidemment progressivement au fur et à mesure que la vitesse du moteur deviendra plus élevée. Mais il n'en existe pas moins, qu'au début, l'intensité énorme du courant peut détériorer les enroulements de l'induit.

Afin d'éviter cet accident, on place en série avec l'enroulement induit des résistances plus ou moins grandes dont la valeur sera réglée et diminuée peu à peu, au fur et à mesure que la vitesse du moteur augmentera.

C'est ce qu'on appelle le rhéostat de démarrage.

Au moment de mettre le moteur en marche, ce rhéostat aura sa manette placée de façon que toutes les résistances soient dans le circuit. Généralement, le rhéostat de démarrage est combiné avec le rhéostat d'excitation.

Au début, on diminue graduellement, par le mouvement de la manette, la valeur de la résistance intercalée dans l'enroulement inducteur, lequel est monté en dérivation avec l'enroulement induit.

Puis, lorsque ces résistances sont peu à peu mises hors circuit, la manette du rhéostat arrive en contact avec les résistances qui sont montées en série sur l'induit.

On élimine peu à peu ces résistances en poussant la manette jusqu'à ce que le moteur fonctionne dans des conditions absolument normales et à la vitesse pour laquelle il est établi.

Quand on veut arrêter le moteur, on amène rapidement la manette sur le contact de départ, c'est-à-dire au repos.

On a également un autre jeu de petites résistances qui servent à faire varier la vitesse du moteur pendant son fonctionnement. Ces résistances agissent alors sur le circuit d'excitation.

Le collecteur d'un moteur se nettoie en le frottant légèrement avec de la toile émeri fine. La figure montre l'induit démonté pour le nettoyage du collecteur. La carcasse laisse voir à l'intérieur les deux bobines de l'inducteur. En avant se trouve un balai avec son bouchon de fixation.

Cette disposition du moteur récité en dérivation se rencontre également dans le moteur monté en série, mais alors on n'a pas besoin d'avoir des plots de réglage pour l'excitation, puisque celle-ci dépend complètement

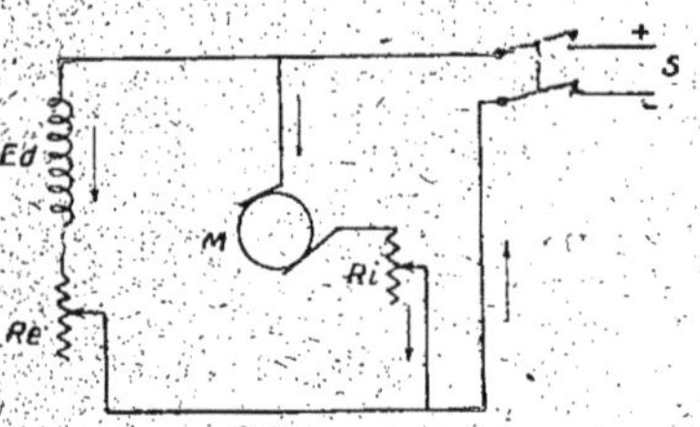

MOTEUR EN DÉRIVATION.

La source S envoie du courant qui se divise en deux : une partie passe dans l'induit M et le rhéostat Ri règle son intensité. L'autre partie se rend aux inducteurs Ed et le rhéostat d'excitation Re règle cette partie du courant. Le démarreur est donc compliqué.

du courant fourni et varie proportionnellement avec lui.

Le moteur série sera donc branché sur un circuit alimenté par du courant d'intensité constante. Ce moteur ne doit jamais fonctionner à vide, sinon sa vitesse prend des valeurs très grandes.

Il tourne toujours dans le même sens, quelle que soit la polarité du courant qui l'alimente. C'est pourquoi, dans certains petits moteurs domestiques, on le rencontre comme moteur universel qui peut fonctionner indifféremment sur le courant alternatif ou sur le continu.

Les moteurs à excitation coumpound ont l'avantage d'avoir deux enroulements inducteurs qui ont une action différentielle. La force demandée au moteur augmentant, l'intensité aussi ; par suite l'enroulement série affaiblit l'excitation, si celle-ci est

montée comme celle d'une dynamo. Cependant, on préfère quelquefois avoir un enroulement série qui augmente l'excitation dans le cas où le moteur se trouve soumis à de grandes et brusques variations de charge.

On n'a pas besoin avec le mtoeur compound ordinaire d'avoir de rhéostat de réglage.

Les emplois du moteur électrique au point de vue domestique sont extrêmement nombreux mais se bornent généralement à l'utilisation de moteurs de faible puissance.

ALTERNATEURS ET MOTEURS A COURANT ALTERNATIF.

Dans le cas où la dynamo ne comporte pas de collecteur, le courant qu'elle fournit est constamment variable, c'est du courant alternatif ; les divers spires de l'enroulement induit reviennent périodiquement aux mêmes places, et la force électromotrice change périodiquement de

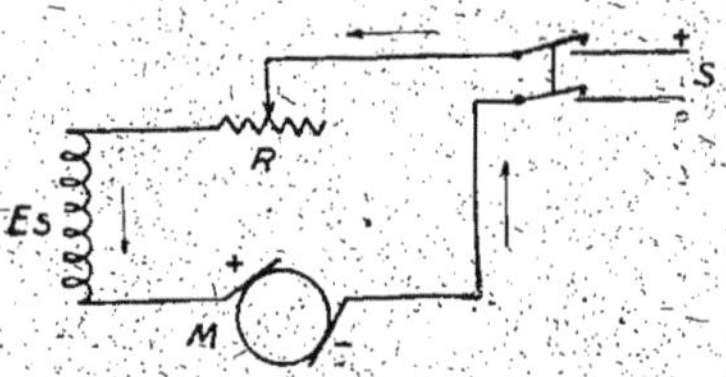

MOTEUR EN SÉRIE.

Schéma d'un moteur M, avec inducteurs Es, montés en série. Le courant de la source S est réglé par le rhéostat qui fait varier la résistance R. Les flèches indiquent le sens du courant.

signe. C'est la caractéristique du courant alternatif.

Naturellement, la machine productrice de courant alternatif n'est que peu employée et même généralement pas pour les applications domestiques, où le courant est peu intense,

Nous avons déjà dit que l'alternatif était gênant quand il s'agissait de charger les accumulateurs par exemple ou de procéder à l'électrolyse ou à la galvanoplastie.

Cependant les moteurs à courant alternatif, eux, sont très employés dans les usages domestiques.

En effet, beaucoup de gens peuvent disposer du courant fourni par un secteur électrique, et très souvent le courant fourni est du courant alternatif, soit monophasé, soit triphasé, soit diphasé.

Cependant pour les moteurs domes-

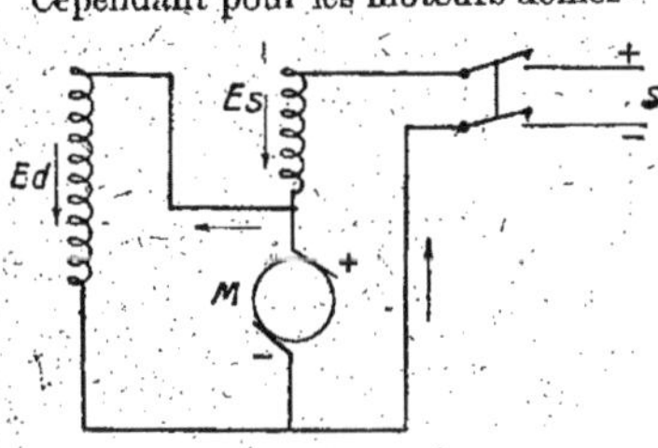

MOTEUR COMPOUND.

La source S envoie le courant dans l'enroulement inducteur série Es, puis ce courant se divise pour aller dans l'induit M et dans un enroulement inducteur Ed monté en dérivation. Il n'y a pas de démarreur. Le réglage est automatique.

tiques qui sont d'une puissance faible, on les branche sur une seule phase de courant alternatif, c'est-à-dire que cela revient à avoir des moteurs fonctionnant avec du courant alternatif simple ou monophasé.

Ces moteurs monophasés sont le plus souvent des moteurs à collecteur. Quelquefois même, ce sont des moteurs avec excitation en série qui ont l'avantage de pouvoir fonctionner indistinctement sur le courant continu ou sur le courant alternatif.

L'étude des différentes sortes de moteurs à courant alternatif est une chose assez complexe qui demanderait des connaissances techniques importantes.

Etant donné que l'utilisation du moteur, au point de vue domestique, consiste seulement à brancher celui-ci sur le courant, ainsi qu'on le ferait pour une lampe à incandescence nous n'insisterons pas outre mesure sur le principe du fonctionnement de ce genre de moteurs.

D'ailleurs, lorsqu'un dérangement quelconque se produira, il sera préférable de recourir à la compétence d'un électricien sous peine de faire pire que mieux et de rendre pour toujours le moteur inutilisable.

CHAPITRE IV

Courant fourni par le Secteur électrique

Lorsqu'on est à proximité d'un secteur électrique, si l'on veut employer le courant fourni par ce secteur, la chose est aussi facile que lorsqu'on désire s'abonner à une usine à gaz, pour la fournirure de gaz d'éclairage.

Lorsqu'on prendra l'énergie électrique à un secteur ou à une station centrale, on sera obligé d'avoir un compteur qui mesure la quantité d'électricité dépensée, de même qu'un compteur à gaz mesure le gaz que l'on consomme.

COMPTEURS

Les compteurs sont de différents genres. Certains servent à enregistrer seulement le temps pendant lequel le courant passe. C'est une pendule qui fonctionne lorsque le circuit est fermé, et qui s'arrête dès qu'on ne consomme plus de courant.

Les modèles les plus employés sont ceux qui mesurent la quantité d'énergie électrique qui passe dans le circuit.

Ce genre de compteur se fait pour

Une boussole placée sur un fil électrique se place de façon que le nord de l'aiguille (partie bleuie), soit à gauche du sens du courant. En se couchant sur le fil, le pôle nord de l'aiguille est à gauche si le courant entre par les pieds de l'observateur pour sortir du côté de la tête.

courant continu et pour courant alternatif. Il y a même des modèles qui peuvent fonctionner indépendamment sur les deux sortes de courant.

Les compteurs pour courant continu sont des petits moteurs dont la vitesse est proportionnelle à l'intensité du courant qui traverse l'appareil. Un mécanisme d'engrenages permet d'indiquer par des aiguilles, le nombre de tours du moteur sur un cadran. Ce nombre de tours est proportionnel à l'énergie électrique, à condition que la tension soit constante.

Ces appareils sont gradués en hectowatts, le watt est l'unité d'énergie pratique : c'est l'énergie produite par un ampère sous une tension de un volt.

Les compteurs pour courant alternatif sont basés sur le même principe, mais ils doivent remplir des conditions spéciales, pour que l'intensité du courant concorde bien avec la tension, ces deux quantités étant constantes et périodiquement variables.

Les compteurs qui peuvent servir sur courant continu et sur courant alternatif sont des moteurs dans lesquels l'inducteur est parcouru par le courant principal. L'induit est parcouru par le courant d'arrivée.

Un disque ou un anneau en cuivre tourne entre les branches d'aimant permanent. Le courant induit qui est produit dans cette pièce en cuivre, crée une action proportionnelle à la vitesse.

Nous ne pouvons insister sur la théorie du fonctionnement des compteurs. Nous nous contenterons de ce que nous venons d'indiquer sur leur principe.

Les compteurs doivent être posés bien d'aplomb, et l'équipage mobile doit être rendu libre, suivant les instructions du fabricant.

D'ailleurs, les connexions de ces appareils sont toujours faites par les installateurs, et le compteur n'est mis en service que lorsque le secteur intéressé aura vérifié et étalonné l'appareil. Cet appareil est plombé, de manière à éviter toute surpercherie

Tarif

L'énergie électrique est fournie au consommateur suivant différents modes de taxation. On a le tarif unique ou le double tarif, et on peut avoir toute la gamme de modifications sur ces deux manières de compter le courant utilisé.

Le tarif à taxe fixe n'est pas rationnel, car l'énergie électrique a une valeur qui varie suivant les circonstances locales, suivant le nombre et les besoins des divers abonnés.

Quelques secteurs divisent les abonnés en deux catégories : l'éclairage et la force motrice. Le courant d'éclairage est fourni à un prix déterminé, et le courant employé pour la force motrice est soumis à un autre tarif.

On peut aussi classer les abonnés suivant la nature de l'emploi qu'ils ont du courant. On peut également avoir un tarif au compteur avec un minimum de consommation, la méthode avec des rabais successifs, une tarification à prix uniforme avec une taxe ou une ristourne proportionnelle à la puissance de la consommation.

Enfin, on peut avoir aussi le tarif double, le prix du courant étant très bas dans la journée et se trouvant plus élevé le soir pour l'éclairage.

Cette tarification double est, somme toute, celle qui est la plus rationnelle.

Quoiqu'il en soit, le client ne peut que se soumettre aux conditions du cahier des charges de son secteur et accepter le tarif qu'on lui applique.

Montage

A côté du compteur qui se trouve placé sur un tableau à l'arrivée des câbles d'alimentation, on dispose un coupe-circuit de sécurité ou coffret de branchement. Les fusibles de ce coffret sont calculés de manière qu'on ne puisse faire passer une intensité supérieure à celle pour laquelle le compteur est établi.

Pour éviter que ces fusibles ne sautent chaque fois que l'on fait un court-circuit dans l'installation, on dispose à la sortie des fils du compteur un coupe-circuit propre à l'installation.

Ce coupe-circuit, lorsqu'il fonctionne, isole le compteur de l'installa-

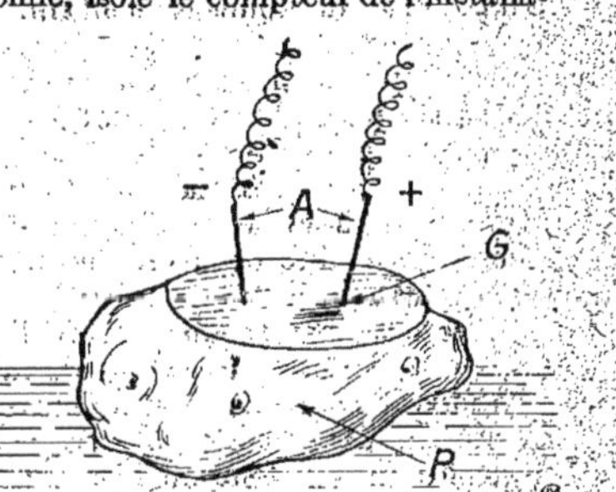

Une pomme de terre P coupée permet de reconnaître le sens du courant. Les fils A dénudés sont piqués dans le tubercule et le pôle positif produit une tache grise G due à l'oxydation de la pulpe.

tion, et le consommateur peut remplacer les fusibles lorsqu'une maladresse ou un excès de consommation ont produit la fusion des fils fusibles. Ceci s'appelle « changer les plombs ».

Comment différencier le Courant continu et le Courant alternatif.

Il peut être intéressant de chercher à savoir quelle est la nature du courant qui alimente une installation. Il existe pour cela différentes méthodes.

En voici quelques-unes qui sont faciles à appliquer.

Tout d'abord si le courant alimente des lampes, on peut, au moyen d'un aimant, reconnaître facilement quelle est la nature de ce courant.

On prend un aimant permanent ordinaire en fer à cheval et on approche un des pôles de cet aimant du filament de la lampe que l'on a branchée sur le courant.

Si le courant qui passe dans la lampe est du courant continu, le filament est attiré ou repoussé franchement par le pôle de l'aimant.

Ceci se produit parce que le courant qui passe dans le filament détermine la production d'un flux magnétique dans le boudin du filament, c'est-à-dire qu'il crée un véritable aimant.

Suivant la nature du pôle de l'aimant que l'on a approché, ce dernier se trouve devant un pôle de même nature ou devant un pôle de nom contraire. Il y a donc ou bien répulsion ou bien attraction.

Si le courant qui passe dans le filament de la lampe est du courant alternatif, comme ce courant varie périodiquement de sens, il en est de même pour les pôles de l'aimant que constitue le filament de la lampe.

Par conséquent, ce filament sera alternativement attiré et repoussé par le pôle de l'aimant qu'on lui présente et le filament sera ainsi soumis à une vibration caractéristique.

Une autre méthode basée sur les mêmes phénomènes d'induction, consiste à employer deux récepteurs téléphoniques.

On prendra deux récepteurs à haute résistance électrique. L'un des deux sera démuni de sa membrane et il sera connecté par un fil souple avec le second qui constituera l'écouteur.

Si on approche le récepteur sans membrane d'un fil parcouru par le courant sans qu'il touche ce fil, le deuxième récepteur étant placé à l'oreille, on ne distinguera aucun son dans le cas du courant continu.

Au contraire, si le courant est alternatif, les variations du champ magnétique agissant sur les bobines du récepteur sans membrane, détermineront la production d'un courant variable qui fera légèrement ronfler la membrane du récepteur placé à l'oreille.

Ce ronflement caractéristique indiquera que les fils sont parcourus par du courant alternatif.

Ce moyen permet d'ausculter des fils même placés à une certaine hauteur. Dans ce cas, on place le récepteur sans membrane en haut d'une perche que l'on peut approcher facilement des conducteurs.

Enfin, on peut employer une boussole ou une aiguille aimantée.

Avec le courant continu cette boussole prendra une position déterminée. L'aiguille tiendra à rester dans cette position, même si l'on fait tourner le corps de la boussole.

Avec du courant alternatif, au contraire, l'aiguille qui sera soumise à des alternatives successives, manifestera un léger tremblement, mais n'adoptera jamais une position fixe quand on déplacera le corps de la boussole.

On pourrait trouver le sens du courant, suivant la direction prise par l'aiguille quand il s'agit de courant continu, mais ceci n'offre guère de l'intérêt que lorsqu'il s'agit de la charge d'accumulateurs, où il est nécessaire de savoir quel est le fil positif et quel est le fil négatif.

La règle d'Ampère permet de savoir

quel est le sens du courant si l'observateur se suppose couché à plat ventre sur le fil en tenant la boussole à plat, si le pôle nord de l'aiguille est à gauche, le courant entre du côté des pieds de l'observateur et sort du côté de la tête.

On utilise de préférence des indicateurs de pôles.

Ce sont des boussoles étalonnées qui se placent sur le + ou sur le — suivant qu'on les présente à un fil positif ou à un fil négatif.

On pourrait également procéder à une recherche chimique au moyen de papier au tournesol ou de solution teintée dans de petits appareils qu'il est facile de fabriquer. Voici le principe du fonctionnement de ces appareils et quelques modèles facilement réalisables.

Le dégagement gazeux qui se produit au pôle négatif quand on plonge les deux fils de cuivre dans l'eau suffit bien souvent à reconnaître ce pôle. Le dégagement est un dégagement d'hydrogène et il est plus abondant si on emploie de l'eau salée.

On peut construire un petit indicateur de pôles avec un tube de verre fermé par deux bouchons qu'on traverse par des tiges de cuivre, lesquelles se terminent par un filet de vis et des écrous formant bornes.

On remplit le tube d'une solution de sulfate de soude dans de l'eau, et on ajoute quelques gouttes de phtaléine qu'on peut acheter chez le marchand de produits chimiques.

Normalement la solution est incolore, mais quand le courant passe, la production d'alcali au pôle négatif est décelée par la coloration violette que prend le liquide au contact du fil négatif.

On peut aussi préparer un papier indicateur de pôles en le trempant dans une dissolution alcoolique de phtaléine ; on le laisse sécher et on le conserve à l'abri dans une pochette. Pour en faire usage, on le mouille et on y applique les conducteurs ; le fil négatif donne une tache rouge-violet.

Plus simplement, le papier photo-

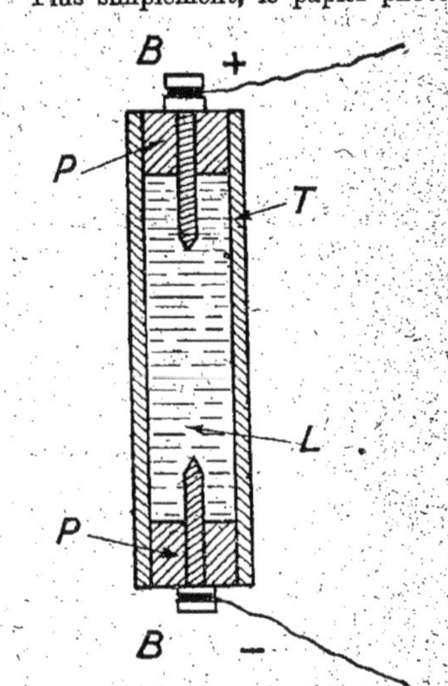

Un indicateur de pôles est formé d'un tube T en verre, de deux bouchons P traversés par des boutons B en cuivre. Le tube est rempli de solution de phtaléine L ; quelques gouttes dans du sulfate de soude. On a une teinte violette au pôle négatif.

graphique au ferro-prussiate également mouillé, donne une tache blanche au pôle négatif quand on y applique les conducteurs.

Supposons que l'on se trouve en pleine campagne, dans une randonnée automobile par exemple, et qu'on ait besoin de reconnaître les pôles de la batterie d'accumulateurs, il est un moyen original peu connu, qui est le suivant :

On cherche un champ de pommes de terre et on prend un tubercule que l'on coupe de manière à avoir une surface plane. Sur cette surface on pique les deux fils venant de la batterie et on les rapproche plus ou moins suivant la force du courant.

Si la pomme de terre est trop sèche, on peut arroser la surface coupée avec un peu d'eau pour faciliter l'électrolyse.

La formation d'oxygène qui se produit au pôle positif oxyde la pulpe de la pomme de terre, laquelle à cet endroit se ternit et prend rapidement un aspect grisaille.

CHAPITRE V

Pose des Canalisations

CANALISATIONS POUR LES INSTALLATIONS DE SONNERIES

Les fils employés pour les installations à courant et à voltage peu intenses, par exemple ; les sonneries, les téléphones, les installations d'éclairage de petites lampes alimentées par des piles sont constitués par des fils de cuivre isolés au moyen de gutta-percha, et protégés par du coton ou de la soie.

Ces fils sont de diverses couleurs, ce qui permet de reconnaître les connexions dans un ensemble de fils.

Dans les endroits humides, on prend les mêmes conducteurs mais avec des fils de coton paraffinés. Quelquefois le fil est également entouré d'un ruban goudronné.

Enfin, pour l'extérieur, on place des fils ou des câbles sous plomb, qui mettent les conducteurs de cuivre complètement à l'abri des intempéries.

Ces conducteurs sont placés le long des murs, au moyen de supports appropriés.

On peut employer des crochets vitrifiés ou des cavaliers isolants garnis d'une plaquette de fibre, qui empêche les fils d'être coupés quand on les pose.

On a également des isolateurs en bois percés de trous. Enfin, pour les endroits humides, des poulies en porcelaine soutiennent les fils goudronnés ; les câbles sous plomb se fixent avec des crochets comme des tubes de plomb ordinaires.

Pour une traversée de cloisons, de murs, afin d'éviter que ces derniers ne détériorent le fil par leur humidité, ou le coupent par leurs arêtes, on garnit le trou d'un tube protecteur en porcelaine ou simplement en bois.

Quand le fil vient de l'extérieur pour rentrer dans une pièce, le tube d'entrée affecte une forme recourbée, ce qui empêche la pluie de passer dans l'intérieur du bâtiment ; ce tube s'appelle une pipe.

Pour brancher et réunir deux fils de sonnerie, on peut simplement faire une ligature en tordant les fils qu'on aura préalablement avivés avec du papier de verre, ou simplement avec un couteau. Pour avoir un contact meilleur, on peut mettre un grain de soudure d'étain.

On recouvre ensuite ce raccord au moyen d'un ruban de caoutchouc naturel ou de chatterton.

On peut également jonctionner avec des contacts et des vis, mais ceci n'est guère utile que lorsqu'on veut placer des dérivations facilement amovibles.

Ces contacts sont constitués par

des lames en laiton où des vis sont fixées, les lames étant placées sur une pièce isolante en ébonite, en bois ou en matière moulée.

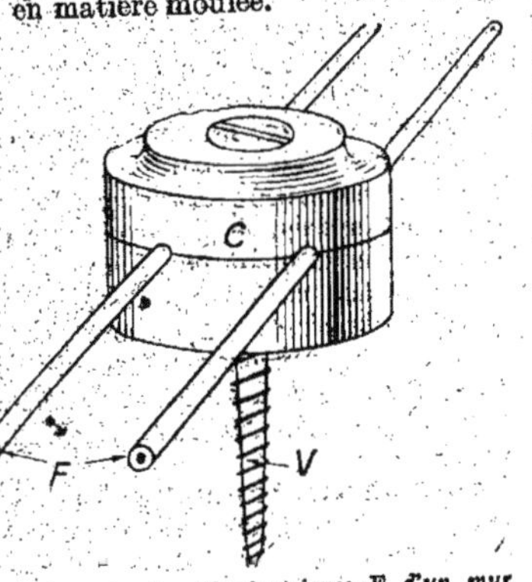

Pour isoler les fils électriques F d'un mur, on emploie des isolateurs en porcelaine C qu'une vis V fixe au mur en même temps qu'elle réunit le chapeau au corps de l'isolateur.

Canalisations pour l'Éclairage et le Chauffage

Pour cet emploi, les canalisations sont beaucoup plus délicates à établir, et si l'installation n'est pas faite avec soin, suivant des règles bien précises, on peut avoir beaucoup d'ennuis, non seulement au point de vue du fonctionnement de l'installation, mais au point de vue des dangers que peuvent présenter des court-circuits avec des mauvais contacts.

Il ne faut jamais placer des fils isolés noyés dans les poutres et dans la maçonnerie. Il suffit en effet d'un coup d'outil malheureux pour supprimer immédiatement tout le bénéfice du travail fait. De plus, la recherche de défauts est alors impossible, à moins de démonter ou de remplacer les conducteurs par d'autres.

Une modification quelconque entraînerait également des travaux considérables et le moindre changement d'une disposition nécessiterait des réparations avec de grands désagréments.

Il faut donc que les conducteurs soient toujours accessibles, pour qu'on puisse les réparer, les changer et les visiter fréquemment sans être obligés pour cela d'arrêter la marche de l'installation ou d'endommager la construction.

La meilleure solution consiste donc à prendre des conducteurs revêtus d'un isolant parfait, qui empêchera l'action de l'humidité sur les fils. Les fils seront placés dans des conduits munis de boîtes de jonction ou de boîtes d'accès.

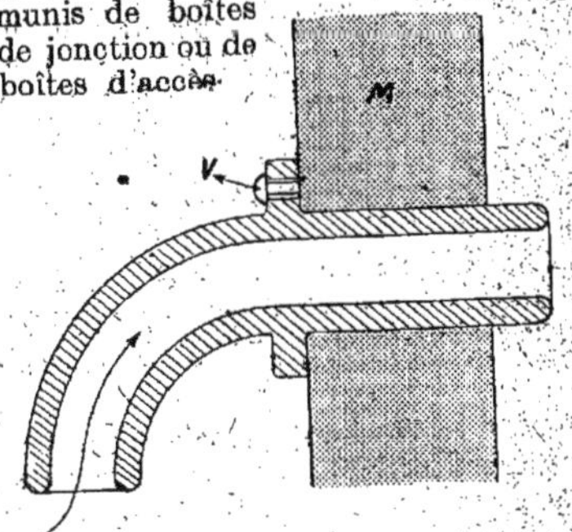

Pipe en porcelaine fixée au mur M par des vis V. Le câble conducteur arrive en C de façon que l'eau ne peut rentrer à l'intérieur du bâtiment.

Les tubes qui enferment les fils seront, autant que possible, en matière incombustible résistant à l'humidité et à l'action des éléments de la maçonnerie.

La conduite principale portera

différents branchements qui desserviront les appareils d'utilisation. Si l'installation est importante, on peut employer alors des boîtes de jonction et de branchement, qui contiendront des coupe-circuits fusibles.

Les conduites principales seront placées dans la corniche ou dans les plinthes du plancher. On s'arrange alors, pour que les boîtes de jonction aient leur couvercle qui affleure près des parements.

Généralement ces conduits principaux se trouvent dans les couloirs,

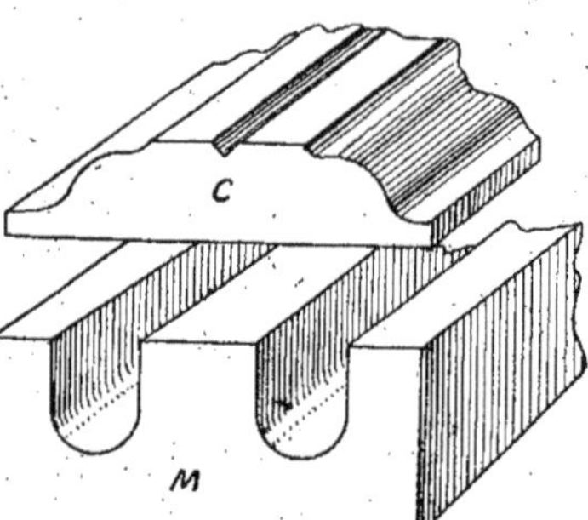

Moulure en bois M qui comporte deux rigoles pour y placer les fils conducteurs ou les câbles électriques. On cloue ensuite le couvercle décoré C.

dans les vestibules. Les branchements de chaque pièce pénètrent seuls dans les différents locaux à éclairer.

On emploie aujourd'hui fréquemment des tubes protecteurs apparents. Ce sont des tubes recouverts de métal, et qui ont à l'intérieur une garniture isolante ou les coude avec des pinces spéciales.

Les fils et câbles employés pour conduire le courant d'éclairage sont constitués par du cuivre quelquefois étamé.

Les câbles sont constitués par une âme formée d'un seul fil, ou de plusieurs petits brins câblés ensemble ; cette âme est recouverte d'un peu de matière isolante. Elle est ensuite entourée par un ruban de caoutchouc naturel, puis par une ou deux couches de caoutchouc vulcanisé.

Quelquefois on interpose entre ces deux couches un ruban de fil. Enfin, le tout est recouvert d'une tresse qui est imprégnée d'un enduit, ou qui est simplement paraffinée.

Pour les câbles d'extérieur, ils sont placés généralement sous plomb. Mais on ne rencontre cette disposition, dans les installations domestiques, que pour les caves, les cours ou les jardins.

Aujourd'hui, on remplace les câbles sous plomb, presque toujours par du câble armé, surtout pour les câbles destinés à être enterrés dans le sol.

La couche de plomb est remplacée alors par des fils d'acier, le câble est recouvert par une couche de jute ou de filin goudronnée.

Pour les circuits secondaires, on utilise des fils de cuivre qui sont recouverts de coton, puis d'une seconde couche tressée protégée par du vernis isolant et du caoutchouc. Quelquefois, on prend également la précaution de recouvrir le fil directement d'un peu de caoutchouc naturel.

Les appareils mobiles, tels que les lampes, les ventilateurs, les petits moteurs et les appareils de chauffage, emploient du câble souple torsadé qui comprend deux conducteurs isolés soigneusement au caoutchouc et recouverte d'une couche de soie. Ce conducteur est souple parce que le fil est constitué par plusieurs fils très fins câblés en très grand nombre pour avoir une grande souplesse et la section voulue.

Quelle est la Section a donner aux Conducteurs

Une canalisation quelconque présente au passage du courant une résistance déterminée qui est proportionnelle à la longueur des fils et inversement proportionnelle à la section.

Si la résistance d'un conducteur électrique est grande, celui-ci s'échauffera sous le passage du courant, et si la section est très petite par rapport à l'intensité, le conducteur pourra même arriver à devenir rouge sous l'action de la chaleur. C'est là tout le principe des appareils de chauffage.

Il faut donc veiller soigneusement à ce que la section des conducteurs soit en rapport direct avec l'intensité du courant qui les traverse et avec la longueur du circuit.

En pratique on prend comme intensité acceptable, 1 ampère 1/2 à 2 ampères 1/2 par millimètre carré de section pour les câbles et les fils de cuivre qui sont isolés au caoutchouc.

Pose des Conducteurs dans l'Intérieur

Pour placer des conducteurs électriques d'éclairage à l'intérieur d'une maison, il faut observer des prescriptions spéciales importantes. Il faut également prendre quelques dispositifs d'usage, qui permettent de reconnaître rapidement quels sont les fils qui ont été sujets aux détériorations et quelle est la provenance de ces fils.

Ainsi quand une canalisation monte verticalement, on placera le fil positif à gauche et le fil négatif à droite.

Dans une canalisation horizontale, le fil positif sera placé au-dessus, et le fil négatif en dessous.

Si l'on emploie des fils avec tresses de couleur, la couleur rouge sera toujours affectée au fil positif, la couleur foncée ou noire sera adoptée pour les fils négatifs.

Au point de vue de la fixation des conducteurs sur les murs, le moyen le plus convenable pour avoir un isolement parfait et un remplacement facile est celui qui consiste à enfermer

Pour faire un branchement, on dénude le conducteur principal et on enroule le fil de branchement, après avoir avivé les surfaces. On peut même mettre un peu de soudure. On recouvre ce joint avec du ruban caoutchouté ou du ruban enduit de chatterton.

les conducteurs dans des tubes ou des conduits appropriés.

Ces tubes sont faits en matière isolante et sont reliés entre eux au moyen de manchons de jonction spéciaux. On les fixe contre les murs avec des attaches qui sont flexibles et facilement ajustables.

Quand on veut procéder à des dérivations, on se sert de pièces de branchement qui ont la forme de T. Une partie de cette pièce s'enlève comme un couvercle, pour faciliter les raccordements des fils.

Certains autres appareils, appelés boîtes de dérivation construites en matière isolante, permettent aussi de faciliter les branchements.

Pour les traversées des murs, les boîtes de branchement portent des tubes appropriés, qui protègent les fils contre la maçonnerie.

Au lieu d'employer les tubes isolants qui sont recouverts de tôle plombée, ou quelquefois même de cuivre, on place souvent les conducteurs électriques dans des moulures en bois rendues incombustibles par l'imprégnation d'un liquide ignifuge.

Ces moulures sont à deux canalisations, trois canalisations, suivant la nature des installations auxquelles elles doivent s'appliquer. Elles comportent un couvercle plus ou moins ornementé, qui sert à enfermer les fils.

Quand on a affaire à des endroits humides, par exemple des caves, on place alors les conducteurs sur des taquets en porcelaine ou sur des poulies. Le fil est ainsi isolé du mur,

et ne prend pas l'humidité. L'inconvénient est que ces fils se salissent rapidement et doivent être nettoyés fréquemment.

Pour la traversée d'un mur, on emploiera des tubes isolants, en verre, en porcelaine, en ébonite, etc.

En règle générale, on doit éviter de croiser les conducteurs et quand on ne peut pas faire autrement, on protège les croisements, soit par une cloison, soit en forçant les fils à passer à une certaine distance les uns des autres.

Les installations domestiques comportent, aux endroits voulus, des interrupteurs, des coupe-circuits fusibles et des prises de courant.

Le seul appareil qui, au point de vue installation générale, peut nous intéresser dans ce chapitre, est uniquement l'interrupteur général qui isole la canalisation de la source productrice du courant.

Cet appareil est en général important, il est placé dans un coffret,

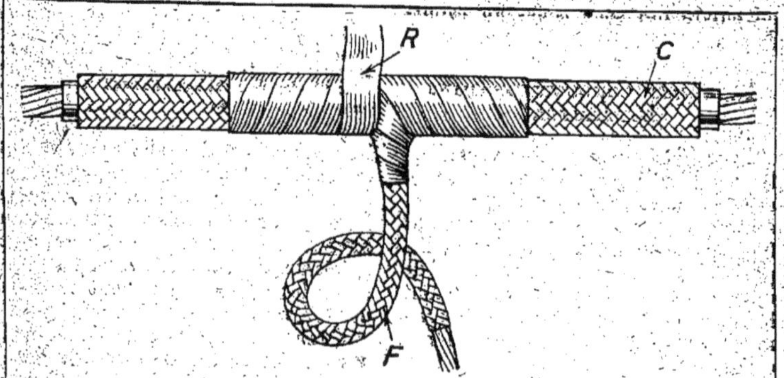

Le fil F est branché sur un câble C et quand les fils en cuivre sont torsadés entre eux on recouvre le tout d'un ruban caoutchouté R.

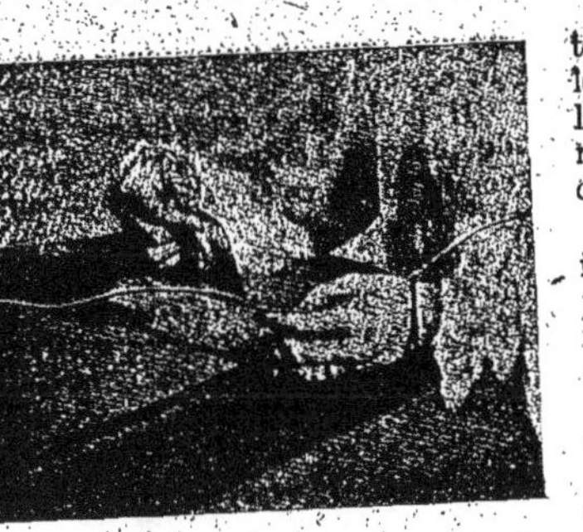

Pour fonctionner deux fils, on les dénude et on avive les surfaces avec du papier de verre ou la lame d'un vieux couteau. Les fils sont tordus ensemble, quelquefois on met un grain de soudure ou on trempe le joint dans la soudure fondue; on recouvre le joint avec du ruban caoutchouté ou enduit de chatterton.

afin de n'être manœuvré que par certaines personnes désignées. Il doit avoir une capacité telle qu'elle puisse laisser passer toute l'intensité du courant nécessaire à l'installation.

Il est établi avec un coupe-circuit fusible qui protège les conducteurs et les appareils des court-circuits, des défauts d'isolement, des accidents quelconques qui se produiraient dans l'installation ou dans la source productrice de courant et qui pourraient détériorer des appareils.

Les autres appareils : interrupteurs divers, coupe-circuits spéciaux, seront étudiés quand nous verrons l'installation de l'éclairage d'une maison.

APPAREILS DE MESURE

Les seuls appareils de mesure que l'on a à utiliser dans une installation domestique sont uniquement le voltmètre et l'ampèremètre. Ces appareils sont, en réalité, de petits moteurs qui tournent sous l'action du courant lorsque celui-ci les traverse, mais dont la rotation de l'induit de l'équipage mobile est contrariée par l'action d'un ressort.

Plus le courant qui passe est intense, plus la déviation de l'équipage est grande. Cet équipage porte une aiguille, qui se déplace sur un cadran gradué.

On a deux classes d'appareils les voltmètres et les ampèremètres

LES VOLTMÈTRES

Ce sont les appareils qui sont destinés à mesurer le voltage, c'est-à-dire la différence de potentiel entre deux points dans un circuit électrique.

Ils seront donc montés en dériva-

Pour souder les tubes isolants recouverts de métal dans lesquels on passe les fils de canalisation électrique, on emploie une pince dont une branche a une forme de cuvette ovale dans laquelle le tube prend sa forme arrondie. Les traits représentent la trace laissée par la branche supérieure.

tion sur le circuit ou sur les bornes entre lesquelles il s'agit de mesurer la différence de voltage. Ces appareils ont une très haute résistance

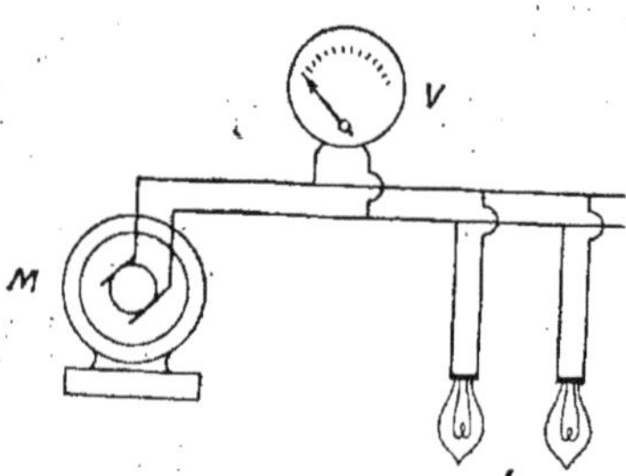

Pour mesurer la tension du courant fourni par une dynamo M qui alimente des lampes I, on branche un voltmètre V, chaque borne communiquant avec un des conducteurs : c'est le montage en dérivation.

électrique de façon qu'ils ne puissent fausser l'exactitude de la mesure.

LES AMPÈREMÈTRES

Ce sont ceux qui sont destinés à indiquer quel est le nombre d'ampères qui passent dans un circuit. Il est donc nécessaire qu'ils soient traversés par tout le courant qui passe dans le circuit à mesurer.

Par suite, on les montera en série sur un des conducteurs du circuit, et le courant tout entier passera par l'appareil. Pour éviter que la résistance de l'appareil n'intervienne, les enroulements sont toujours de très gros diamètre, afin d'avoir une résistance électrique faible.

Quand il s'agit de mesurer de très grosses intensités, on monte en dérivation sur les bornes, des résistances multiples de celles de l'appareil, de façon qu'il ne passe dans ce dernier

qu'une fraction déterminée et connue du courant.

Il suffit alors d'étalonner l'échelle de mesure en conséquence, pour connaître la valeur exacte du courant du circuit.

Pour les installations un peu importantes : machines dynamos, batteries d'accumulateurs d'un grand nombre d'éléments, on emploie des appareils fixes, ou appareils de tableaux, qui sont fixés sur le tableau de distribution.

Quand il s'agit de mesurer les circuits peu importants des éléments de piles ou d'accumulateurs, on emploie des petits voltmètres forme montre, qui sont quelquefois combinés pour marcher d'un côté comme voltmètre et de l'autre comme ampèremètre.

Ces appareils évidemment n'ont pas

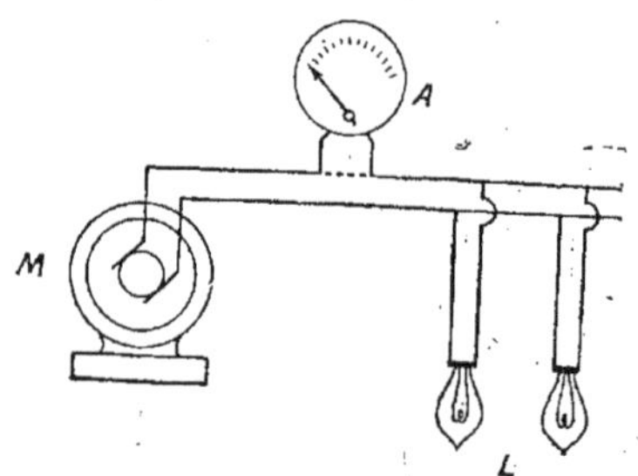

Pour mesurer l'intensité du courant que débite une dynamo M dans des lampes L, on branche un ampèremètre de manière que le courant passe dans l'appareil, soit tout entier, soit par fraction, au moyen d'un conducteur shunt (en pointillé) : c'est le montage en série.

la précision des appareils de tableau, mais ils peuvent rendre néanmoins de très grands services pour les petites installations usuelles que l'on rencontre habituellement.

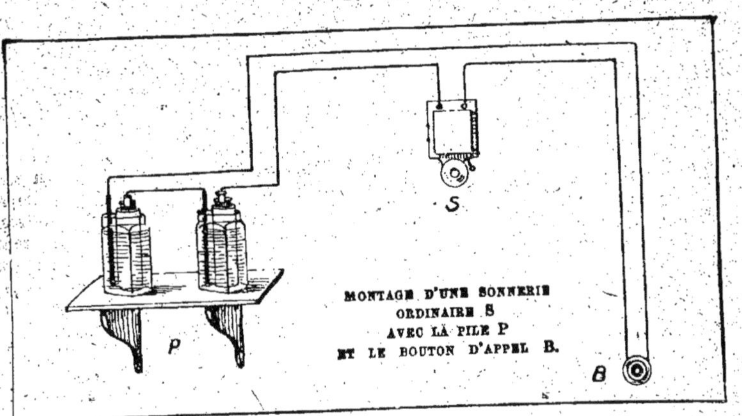

MONTAGE D'UNE SONNERIE
ORDINAIRE S
AVEC LA PILE P
ET LE BOUTON D'APPEL B.

CHAPITRE VI

Les Sonneries électriques et les appareils similaires

Le premier emploi que l'on puisse faire du courant électrique, et surtout de celui qui est fourni par des piles, est l'actionnement de sonneries électriques, pour le service d'un appartement, d'un hôtel, etc.

La pose d'une sonnerie électrique est en général assez simple, mais bien qu'en apparence la chose soit peu compliquée, elle demande malgré tout du soin pour obtenir un fonctionnement satisfaisant.

La sonnerie électrique comporte : la source de courant qui est presque toujours une pile, les conducteurs électriques qui sont destinés à alimenter le mécanisme électro-mécanique de la sonnerie, le contact, bouton, poire, contact de porte, etc., qui devra lancer le courant dans le circuit ; enfin, la sonnerie elle-même qui peut revêtir différentes formes et qui peut même être remplacée par un avertisseur phonique.

SOURCE DE COURANT EMPLOYÉE POUR LA SONNERIE

Les piles qui s'adaptent le mieux au fonctionnement de sonneries électriques sont les piles Leclanché.

Le modèle à vase poreux est celui qui est préférable, quand on ne veut actionner uniquement que des sonneries, c'est-à-dire des appareils ne prenant du courant qu'à de très courts intervalles, malgré qu'ils soient répétés.

Si la batterie de piles doit alimenter d'autres appareils qui exigent du courant pendant des périodes plus longues, par exemple des allumeurs électriques demandant un courant plus intense, on emploiera de préférence des éléments Leclanché à plaques agglomérées, étant donné l'intensité du courant demandé.

Ces derniers éléments seront montés en tension.

L'emplacement de la pile doit de préférence être dans un endroit avec une circulation d'air suffisante, avec une température relativement constante.

Souvent une boîte en bois contient les éléments des piles. Les bornes sont situées à l'extérieur de la boîte, ce qui permet de couvrir les vases des piles avec un couvercle et de les préserver de la poussière.

La quantité d'éléments que l'on doit employer est naturellement variable, suivant l'importance de l'installation et d'après la longueur des fils conducteurs qui doivent être parcourus par le courant.

En général, on prendra au moins deux éléments pour une longueur de fils posée égale à 50 mètres, en admettant qu'il ne s'agisse que d'actionner des sonneries, et que le fil conducteur ait un diamètre de 9/10 à 10/10 de millimètre.

Pour chaque longueur de 30 mètres supplémentaire, on ajoutera un élément. C'est là une formule empirique qui donne de bons résultats.

Bien entendu, si d'autres appareils doivent fonctionner en même temps que la sonnerie, comme par exemple un tableau indicateur, il faudra en général mettre une pile de plus que le nombre calculé ci-dessus.

Quand il ne s'agit que d'une installation très simple, une sonnerie unique avec un bouton d'appel, on se trouvera bien de l'emploi des piles

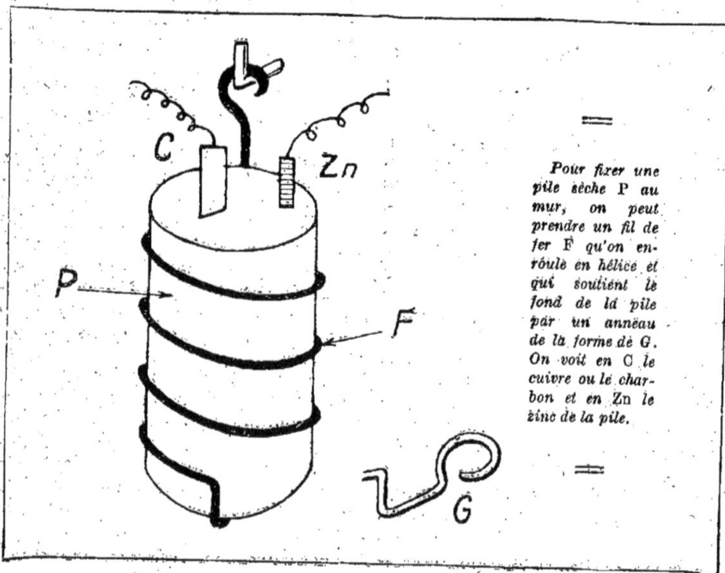

Pour fixer une pile sèche P au mur, on peut prendre un fil de fer F qu'on enroule en hélice et qui soutient le fond de la pile par un anneau de la forme de G. On voit en C le cuivre ou le charbon et en Zn le zinc de la pile.

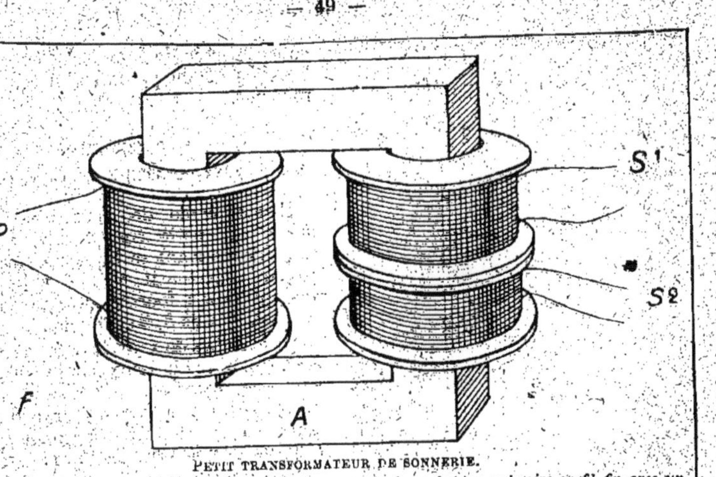

PETIT TRANSFORMATEUR DE SONNERIE.

Il comporte une armature A sur laquelle on a placé une bobine primaire en fil fin avec un grand nombre de tours, cette bobine reçoit le courant alternatif à 110 volts. Les bobines secondaires en gros fil avec peu de tours alimentent les sonneries à faible voltage. On peut utiliser seule les circuits S¹ et S² ou les coupler en tension pour avoir un voltage plus élevé. Il sera la somme des deux voltages de chaque bobine.

sèches Leclanché, soit à vases cylindriques, soit à éléments prismatiques.

Ces piles peuvent alors être suspendues au moyen d'un fil de fer enroulé en hélice accroché à un clou ordinaire que l'on fixera dans un mur. C'est là un modèle simple d'installation facile à réaliser sans frais.

Pour l'entretien des piles, nous renvoyons le lecteur à ce qui a été dit au chapitre concernant ces appareils.

La durée d'une pile Leclanché à vase poreux est très grande si elle est bien entretenue. Un vase poreux peut durer au moins cinq ans. Quant au zinc, il suffit de le remplacer lorsqu'il est rongé d'une façon trop profonde.

Il y a aussi un moyen d'employer le courant d'éclairage pour l'alimentation des sonneries électriques quand ce courant est du courant alternatif.

On utilise pour cela de petits appareils transformateurs qui reçoivent du courant à 110 volts et qui le transforment en un courant de faible voltage, permettant de faire fonctionner la sonnerie sans inconvénient.

C'est là une disposition très heureuse qui se développe beaucoup depuis quelques temps. Les nombreux modèles de transformateurs employés donnent une installation très propre dont on n'a jamais besoin de s'occuper, au point de vue de leur entretien.

Si le courant d'éclairage est du continu, on place en série avec la sonnerie une lampe à incandescence

Pour régler une sonnerie trembleuse, on agit sur la vis de contact qui vient bander plus ou moins le ressort de la palette de l'électro-aimant. La sonnerie est aussi plus ou moins sensible suivant que la palette est plus ou moins près des bobines.

en ayant soin de bien isoler les canalisations et de prendre des contacts robustes.

Comment construire un Transformateur de Sonnerie

Il est facile de construire soi-même un petit transformateur de sonnerie pouvant se brancher sur du courant alternatif à 110 volts et susceptible de fournir au secondaire des voltages de 8, 5 et 3 volts.

Le principe de tout transformateur consiste à avoir deux enroulements sur une carcasse magnétique. Le rapport des voltages fourni par les deux enroulements est le même que celui de leur nombre de tours.

La carcasse sera faite en tôle de fer doux qui sera découpée en équerre. Les différentes lames seront isolées par du papier de soie mince collé sur une face. Ces équerres seront chevauchées, de manière à former la continuité la plus parfaite dans le métal. L'assemblage ne sera terminé d'ailleurs que lorsque les bobines seront placées.

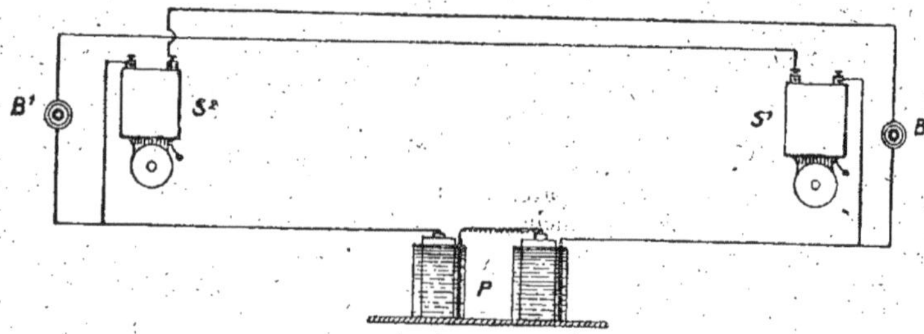

MONTAGE DE DEUX SONNERIES S¹ ET S² ALIMENTÉES PAR LA PILE COMMUNE P.

Le bouton qui actionne chaque sonnerie est situé près de l'autre de sorte que l'on peu faire l'appel et la réponse et communiquer suivant un code déterminé.

Les dimensions de cétte carcasse seront de 15 centimètres au carré sur 9 à l'intérieur. La section carrée des branches aura 3 centimètres de côté.

Les bobines seront faites en carton, et comporteront des joues en carton paraffiné ou en fibre. Elles auront des dimensions suffisantes pour pouvoir être fixées sur les branches verticales de l'armature.

La bobine primaire aura environ trois centimètres de longueur. On la recouvrira de 3.200 tours de fil de cuivre émaillé d'un diamètre de 18 centièmes de millimètre.

La bobine secondaire sera partagée en deux parties. Une première bobine de 1 centimètre 1/2, garnie de 130 tours de fil de 55 centièmes, une deuxième bobine de 2 centimètres garnie de 220 tours de ce même fil.

L'enroulement pourra se faire sur la machine à enrouler les canettes d'une machine à coudre par exemple en tournant à faible vitesse pour ne pas échauffer et enlever l'émail du fil.

Bien entendu, ces carcasses de bobines en carton devront être soigneusement isolées à la gomme laque. Les bobines sont placées sur l'ar-

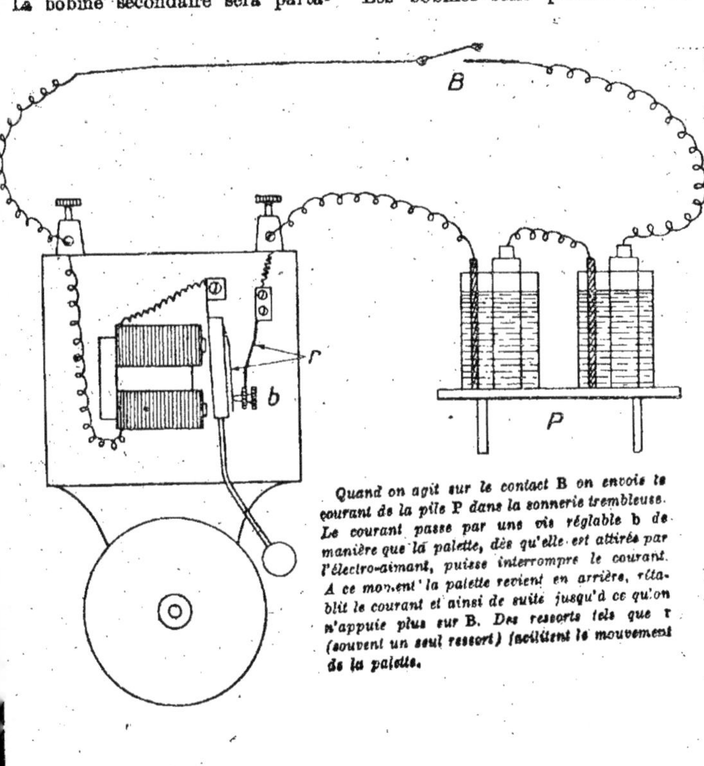

Quand on agit sur le contact B on envoie le courant de la pile P dans la sonnerie trembleuse. Le courant passe par une vis réglable b de manière que la palette, dès qu'elle est attirée par l'électro-aimant, puisse interrompre le courant. A ce moment la palette revient en arrière, rétablit le courant et ainsi de suite jusqu'à ce qu'on n'appuie plus sur B. Des ressorts tels que r (souvent un seul ressort) facilitent le mouvement de la palette.

mature qu'on assemble et que l'on peut fixer sur une planchette.

En alimentant l'enroulement primaire avec du courant alternatif d'éclairage à 110 volts, la première

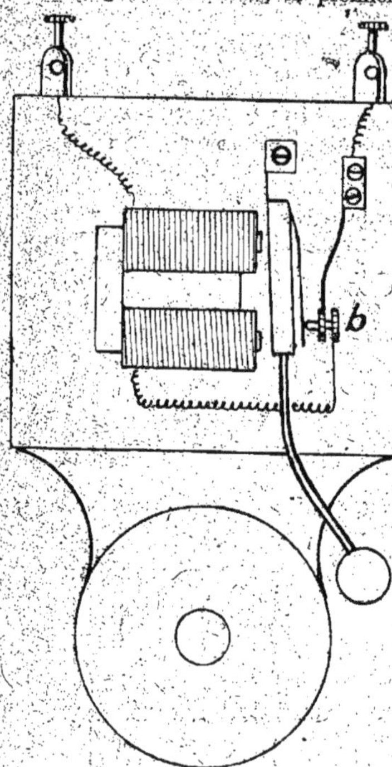

SONNERIE TREMBLEUSE TRANSFORMÉE EN SONNERIE A UN COUP.

Le courant ne passe pas par la palette et le contact mobile de la vis-pointeau b, mais il va directement de la bobine à la vis et par suite à la borne de sortie.

bobine secondaire fournira un courant à un voltage de 3 volts. La deuxième bobine donnera 5 volts et si l'on monte les deux bobines secondaires en série, on aura 8 volts pour le courant reçu au secondaire.

Cet appareil permettra d'alimenter les sonneries au moyen du courant alternatif d'éclairage. La consommation sera tellement faible que le compteur, le plus souvent, ne pourra l'enregistrer.

LES CONDUCTEURS ÉLECTRIQUES

Les conducteurs employés pour l'actionnement des sonneries sont des fils électriques à isolement faible, étant donné la tension peu élevée du courant qui doit circuler dans ces fils.

Souvent, dans un appartement, le fil isolé au coton est suffisant, à condition qu'il ne passe jamais dans des endroits humides ou exposés à de la vapeur d'eau, comme cela se présente parfois dans une cuisine.

Le diamètre généralement employé est de 9/10 de millimètre pour les petites installations. Quelquefois pour une partie du circuit, lorsque l'installation est importante, on place du fil de 10/10, ou même de 11/10 notamment au voisinage de la batterie de piles.

Le coton est de couleurs différentes, suivant les bobines. Ceci permet, lorsqu'on a des circuits un peu compliqués, d'avoir pour chacun des fils de différentes couleurs, et de reconnaître plus facilement dans un paquet de fils quel est celui qui se rend, soit aux piles soit au bouton, soit aux différents appels.

On évite ainsi des erreurs dans les jonctions au cours de l'installation et on peut facilement apporter des modifications quand on pose de nouveaux appareils.

Bien que le fil simplement isolé au coton soit suffisant, on adopte en général du fil recouvert de gutta, puis d'une couche de coton. Cela permet d'avoir une sécurité plus grande, étant donné l'isolant meilleur qui recouvre le fil.

Enfin, quand il s'agit d'endroits très humides, on peut utiliser des fils sous plusieurs couches de gutta ; quelquefois même, ce sont des fils étamés recouverts de gutta, de coton, et parfois placés sous une gaine de plomb. Ceci est à recommander en particulier quand les conducteurs passent à l'extérieur d'un bâtiment ou dans un jardin par exemple.

La pose de ces fils se fait comme nous l'avons indiqué au chapitre qui traitait des différentes sortes de canalisations.

LES CONTACTS D'APPELS

Le contact d'appel est un organe qui permet d'établir une communication électrique entre deux extrémités d'un circuit. Le circuit est alors fermé et le courant passe sans difficulté.

La plus simple disposition du contact pour une sonnerie est ce qu'on appelle le bouton d'appel. Un petit cylindre en os appuie sur un ressort appelé paillette, qui fait contact avec une autre paillette fixe placée sur le socle du bouton.

Il y a une grande variété de modèles de ces boutons. Certains mêmes affectent des formes particulièrement originales : têtes de lion, têtes de nègre, etc.

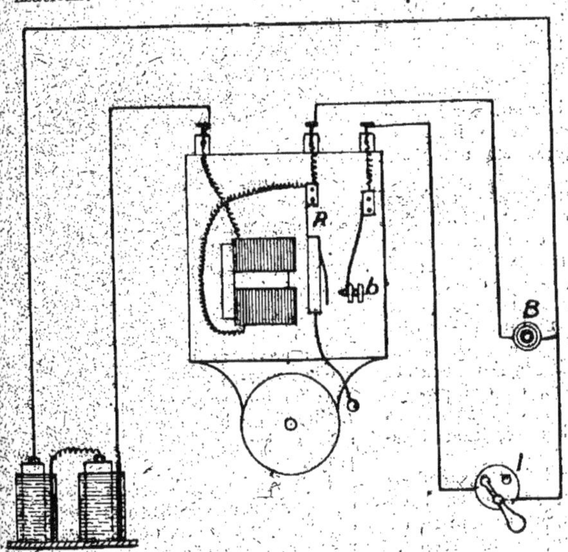

Une sonnerie avec une troisième borne communiquant directement aux bobines peut fonctionner à un coup quand on agit sur le bouton d'appel B. La palette est attirée et par son élan elle vient au retour toucher la vis b qui était un peu écartée. La sonnerie marche alors avec la pile P d'une manière continue et, pour l'arrêter, on doit ouvrir l'interrupteur I comme sur la figure. On peut sans inconvénient refermer I après quelques secondes.

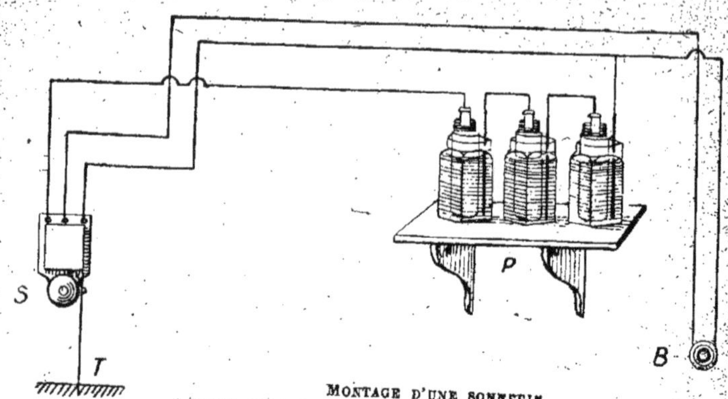

MONTAGE D'UNE SONNERIE
A TROIS BORNES AVEC UNE PILE P ET LE BOUTON D'APPEL B.

La sonnerie S est équipée en sonnerie continue et le cordon de tirage T permet d'arrêter la sonnerie. Il immobilise momentanément la palette, ce qui supprime son élan et empêche le contact de se produire sur la vis-pointeau.

Quand on a besoin d'avoir à sa disposition plusieurs appels différents, on emploie des contacts multiples sur un planchette placée commodément sur un bureau. Quelquefois ces contacts affectent la forme de clavier, d'un bracelet sur une main, etc.

Les contacts coulisseaux s'emploient pour les portes extérieures. Ce sont des boutons que l'on attire, comme s'il s'agissait d'une sonnette ordinaire, mais le contact entre deux ressorts fixes se fait au moyen d'une pièce métallique mobile ou coulisseau, qui vient réunir électriquement les deux ressorts. Il y a là un contact fait par frottement, ce qui produit un nettoyage continu de la surface et assure un très bon contact électrique.

Les poires d'appel sont suspendues à l'extrémité d'un fil souple. Elles comportent également une pièce en os qui vient réunir deux ressorts conducteurs. Quelquefois cette poire d'appel se fait en forme de pincette. Elle peut avoir aussi des boutons à plusieurs directions, etc.

Quelquefois également un cordon de tirage produit l'appel par frottement sur deux paillettes et l'on tire le cordon comme s'il s'agissait d'actionner une sonnette vieux modèle.

Enfin certains modèles de boutons sont constitués par des pédales fixées à volonté, sous une table, dans le parquet. Il est alors facile de faire fonctionner la sonnerie en pressant ce contact avec le pied, sans que le vis-à-vis puisse s'en apercevoir.

Les contacts de portes sont basés sur les mêmes principes. Ce sont des ressorts qui peuvent être placés en feuillure, ou bien des taquets qui ne sont actionnés qu'au passage de la porte.

Il en résulte que le contact se ferme et que la sonnerie tinte au moment où la porte s'ouvre, ou bien au moment où la porte passe devant le taquet. La sonnerie est actionnée dans ce dernier cas, d'une façon momentanée.

Les contacts en feuillure sont généralement complétés par un interrupteur qui permet d'arrêter le tintement de la sonnerie, si la porte se trouve exposée à rester trop longtemps ouverte, comme celle d'un magasin.

Les Sonneries

Le mécanisme de la sonnerie trembleuse ordinaire est connu. C'est un électro-aimant qui attire une palette. Cette palette forme trembleur et interrompt le circuit.

Il en résulte que la palette est tantôt attirée, tantôt rappelée en arrière par un ressort. Le timbre est frappé à coups répétés par la boule située à l'extrémité de la palette. Le réglage de la sensibilité se fait en agissant sur la vis contact que l'on approche ou que l'on éloigne de la lame ressort.

Certaines sonneries comportent des dispositions différentes ; par exemple on a la sonnerie dite à un coup, dans laquelle le circuit ne passe pas par la palette. Il s'ensuit que celle-ci est attirée une seule fois et ne frappe qu'un coup sur le timbre.

La sonnerie continue est disposée de manière que le contact n'existe pas au début entre la palette et la vis contact. La palette est attirée comme dans une sonnerie à un coup. Puis ensuite, en raison de son élan elle vient prendre contact sur la vis et le tintement ne peut s'arrêter que si l'on coupe le circuit par l'interrupteur.

Quelques sonneries sont également disposées avec un voyant. Ce dernier tombe lorsqu'un appel a été fait. C'est un moyen de contrôle, mais en général le voyant est presque toujours disposé indépendamment de la sonnerie.

Dans des formes de sonnerie spéciales on rassemble l'électro-aimant, la palette et le porte-timbre à l'intérieur du timbre lui-même. Il y a là une disposition d'encombrement réduit, mais malgré les combinaisons ingénieuses réalisées, ces sonneries n'ont pas une marche aussi sûre que celle de la sonnerie trembleuse ordinaire.

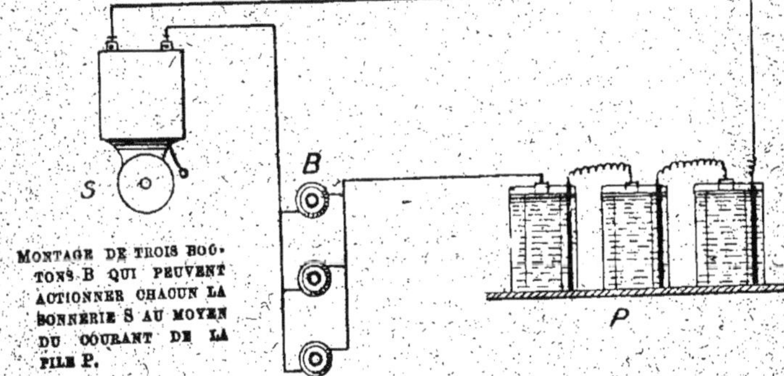

Montage de trois boutons B qui peuvent actionner chacun la sonnerie S au moyen du courant de la pile P.

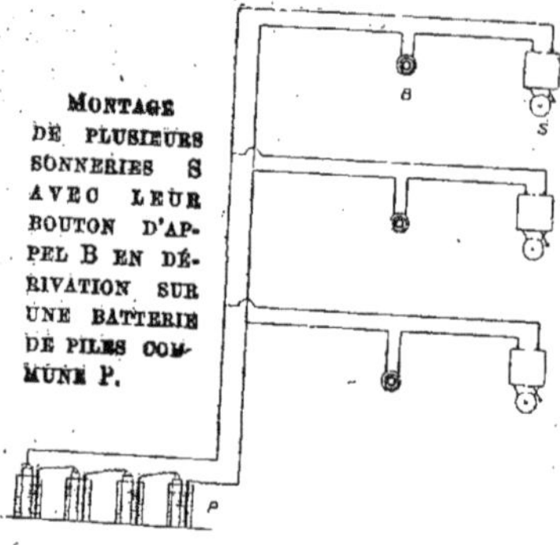

Certains modèles puissants comportent un moteur de petit modèle qui tourne quand le courant passe. Il actionne un mécanisme de roues dentées qui agit sur le marteau d'un timbre puissant.

On peut également avec ces sonneries à moteur actionner des sirènes.

TABLEAUX INDICATEURS

Nous avons dit que généralement pour obtenir le contrôle d'un appel donné, un voyant était actionné en même temps que la sonnerie.

Le fonctionnement de ces voyants est des plus simples : sur le circuit qui se rend à une sonnerie, on branche un électro-aimant qui attire une palette lorsque le courant passe. Cette palette vient se placer de manière à faire paraître un voyant dans une ouverture, ou à faire tomber un volet préalablement retenu par un crochet dépendant de la palette.

Quand il s'agit d'appareils destinés à l'extérieur, tout le mécanisme est placé dans une boîte étanche en métal, et le timbre adopte alors des proportions souvent importantes, de manière à donner un appel intense, quelquefois même il a la forme d'une cloche qui abrite le mécanisme.

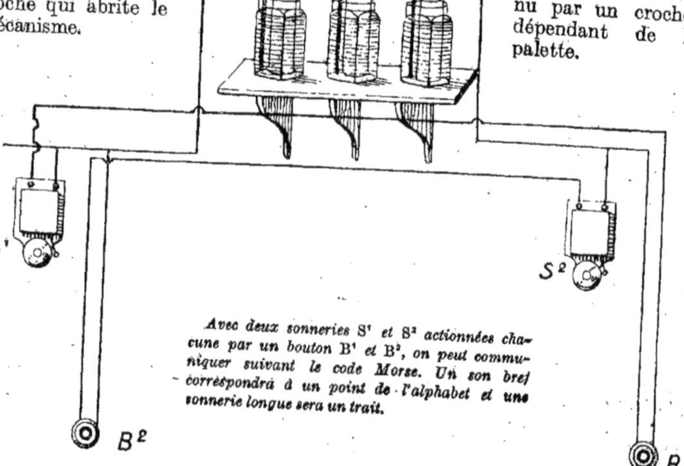

Avec deux sonneries S¹ et S² actionnées chacune par un bouton B¹ et B², on peut communiquer suivant le code Morse. Un son bref correspondra à un point de l'alphabet et une sonnerie longue sera un trait.

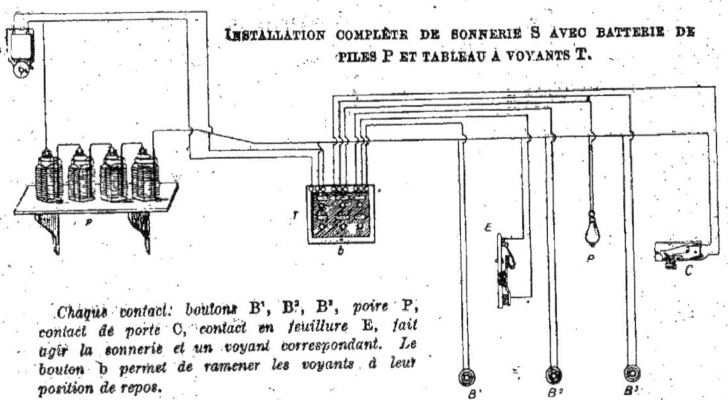

*Chaque contact: boutons B¹, B², B³, poire P,
contact de porte C, contact en feuillure E, fait
agir la sonnerie et un voyant correspondant. Le
bouton b permet de ramener les voyants à leur
position de repos.*

Le voyant une fois découvert
prouve qu'il y a eu un appel.

Il n'y a là simplement qu'un passage de courant dans une bobine sans
aucune autre action et cela n'a d'autre
inconvénient que d'augmenter la
longueur, par suite la résistance du
fil électrique du circuit parcouru par
le courant.

Comme nous l'avons vu précédemment, il suffit d'ajouter un élément
de pile à la batterie.

Lorsqu'on veut remettre le voyant
ou le volet à sa position de repos,
on le fait à la main s'il s'agit d'un
volet; quand il s'agit, au contraire,
d'un voyant optique sur un tableau, il
suffit de faire passer le courant en
sens inverse dans l'électro-aimant.
Ceci se pratique au moyen d'un bouton fixé sur le tableau à voyant qui
envoie le courant, de manière à
rappeler la palette porte-voyant à sa
position première.

On a ainsi la possibilité d'actionner
une sonnerie par des boutons situés
dans les différents postes d'un appartement.

Sur chaque circuit correspondant
à un bouton déterminé, on intercalera
un des voyants d'un tableau qui
comportera les indications : chambre,
salon, etc. Cela permet à la personne appelée de distinguer immédiatement d'où provient l'appel.

MONTAGES SIMPLES OU AVEC RELAIS

Les schémas de montage des différentes sonneries sont simples, et
il suffit de les suivre en installant les
fils pour obtenir un fonctionnement
immédiat.

Nous donnons ci-contre quelques
schémas types qui répondent aux
cas les plus généraux.

Quand une sonnerie est très éloi-
gnée de la batterie de piles, que la
longueur des fils conducteurs est
grande, il pourra en résulter un
nombre d'éléments considérable pour
la batterie et le courant dépensé
sera absorbé presque exclusivement
par la résistance des fils conducteurs.

On pourrait, il est vrai, mettre des
fils de gros diamètre, mais alors on

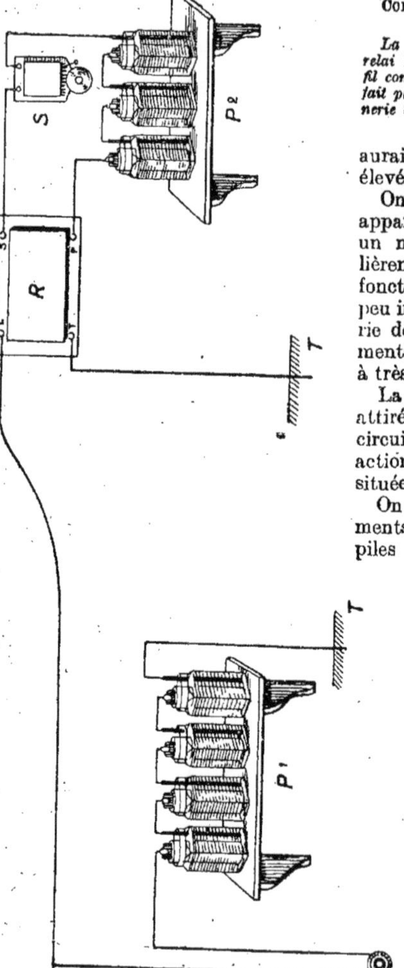

COMMANDE D'UNE SONNERIE ÉLOIGNÉE AVEC UN RELAI.

La pile P¹ au moyen du bouton B actionne le relai R. Les prises de terre T économisent un fil conducteur. Le relai R ferme un contact qui fait passer le courant des piles P² dans la sonnerie S.

aurait une dépense d'établissement élevée.

On y remédie en employant un appareil appelé relai. C'est en réalité un mécanisme de sonnerie particulièrement sensible et susceptible de fonctionner avec un courant très peu intense. Il en résulte que la batterie de piles d'un petit nombre d'éléments peut faire fonctionner ce relai à très grande distance.

La palette du relai, quand elle est attirée, ferme par des contacts un circuit qui relie la sonnerie qu'on doit actionner avec une batterie de piles située près de cette sonnerie.

On conçoit que le nombre d'éléments réunis des deux batteries de piles est très inférieur à celui qui aurait été nécessaire si l'on n'avait pas employé de relai.

SERRURES ÉLECTRIQUES

Des appareils complémentaires de la sonnerie sont les serrures électriques. Le principe en est basé sur l'action d'un électro-aimant qui attire le loquet de la serrure ce qui ouvre la porte quand le courant passe.

AVERTISSEURS D'INCENDIE

Les avertisseurs d'incendie sont des appareils qui fonctionnent et qui se branchent comme le bouton d'appel des sonneries trembleuses ordinaires.

Leur principe est d'ailleurs d'actionner une sonnerie lorsqu'un incendie se déclare. Le nombre de sonneries actionnées peut être d'ailleurs multiple et ces sonneries peuvent être placées aux endroits voulus pour avertir les personnes intéressées.

Il y a un grand nombre de modèles d'avertisseurs d'incendie. Ils ont tous pour principe la dilatation d'un métal sous l'action d'une élévation de température.

Quelquefois même, ils utilisent aussi la fusion d'un alliage très fusible sous l'action d'une température même peu élevée.

Dans ce dernier cas, l'alliage fusible fond à une température de 40° environ et dégage un ressort qui vient former un contact continu pour faire tinter les sonneries.

Certains modèles ont pour but de fonctionner malgré la rapidité du développement de l'incendie et malgré un réglage précaire. Ils utilisent alors la différence de dilatation des métaux réunis en lames communes.

Le type de ces appareils présente deux lames métalliques en forme d'U qui sont composées d'une lame de cuivre et d'une lame de zinc soudées ensemble. La dilatation étant inégale quand les lames s'échauffent, les branches tendent à s'écarter.

Une des lames, ayant un volume plus petit, se met en équilibre rapidement avec le milieu, mais dans le cas d'un incendie, lorsqu'alors l'élévation de température est brusque, la lame en question arrivera au contact de l'autre lame.

Si la température extérieure s'échauffe par des causes normales, en été par exemple, la dilatation des deux métaux et des deux lames a le temps de se faire progressivement et

on n'aura pas de contact avertisseur d'incendie.

AVERTISSEURS D'EFFRACTION

Les avertisseurs d'effraction, comme les précédents, ont le même fonctionnement que les boutons de sonneries. Ce sont, en réalité, des contacts analogues aux boutons d'appel qui sont actionnés par l'ouverture d'une porte, d'un coffre-fort, d'une fenêtre, etc.

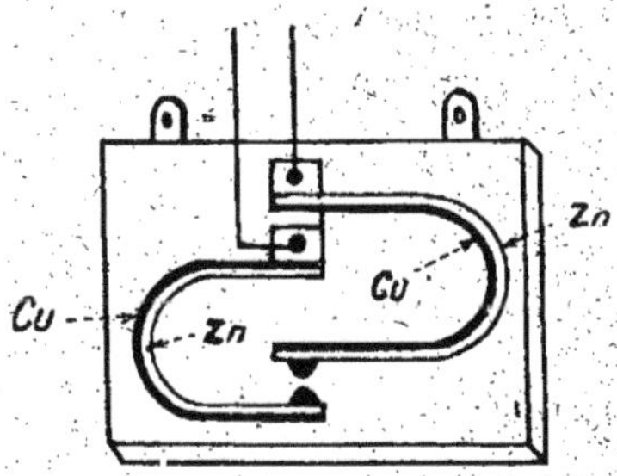

Un avertisseur d'incendie peut être constitué par deux lames de cuivre Cu et de zinc Zn. La dilatation inégale de ces deux métaux fait toucher les extrémités qui établissent le circuit d'une sonnerie, à condition que l'élévation de température soit brusque.

Ils sont combinés de manière à pouvoir être dissimulés, afin qu'on ne puisse les empêcher de fonctionner avant l'ouverture de la porte qu'ils protègent.

Pour les portes et les fenêtres en particulier, certains modèles se placent immédiatement derrière la porte sur le plancher. Ils comportent des pointes qui se fixent dans le parquet, aussitôt que la porte est poussée.

La porte fait alors agir un contact qui actionne les sonneries d'alarme.

Les appareils conçus suivant ce

principe ont de plus l'avantage de s'opposer mécaniquement à l'ouverture de la porte.

AVERTISSEURS DE NIVEAU D'EAU

Le même principe est appliqué aux flotteurs de réservoir qui sont combinés de manière à produire des contacts à différents niveaux, maximum ou minimum. On peut alors être averti à distance du moment où le niveau de l'eau d'un réservoir atteint une cote déterminée.

HORLOGES ÉLECTRIQUES

On a cherché à appliquer le courant électrique à la transmission de l'heure, et on a adopté pour cela différentes sortes de combinaisons.

Le courant électrique peut transmettre à intervalles réguliers une action mécanique ou un signal, permettant de remettre à l'heure une horloge ou une série d'horloges qui empruntent leur mouvement à un moteur spécial.

Le moteur peut aussi agir à distance, au moyen d'une distribution et actionner un certain nombre de cadrans placés aux points convenables.

Quelquefois, le courant électrique peut servir de moteur à l'horloge, en remplaçant le ressort ou le poids moteur.

Tout récemment, des systèmes d'horloges utilisent l'action du balancier régulateur, dont le mouvement est entretenu par un petit moteur spécial intérieur de grande puissance sous un petit volume. Ce moteur est alimenté par une pile minuscule.

Ce dernier modèle mis à part, les installations de ces horloges sont toujours extrêmement compliquées et les distributions générales de l'heure constituent une spécialité; elles sont l'apanage de constructeurs tout à fait spécialisés dans ce genre d'appareils.

On ne saurait dans une maison établir d'autre distribution simple que celle qui consiste par exemple à faire répéter des sonneries d'heures aux différents points d'un immeuble, d'une ferme, d'un château, par des sonneries trembleuses ordinaires.

Il suffit alors de disposer, soit sur les aiguilles d'une pendule mère, soit sur le marteau du timbre de cette même pendule, des contacts appropriés.

Ces contacts seront constitués par

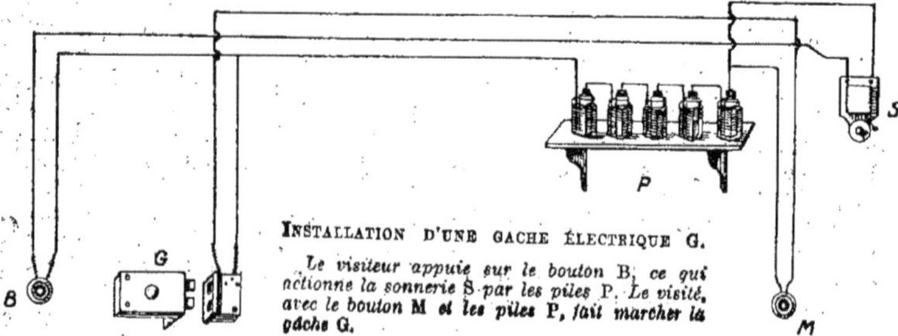

INSTALLATION D'UNE GACHE ÉLECTRIQUE G.

Le visiteur appuie sur le bouton B, ce qui actionne la sonnerie S par les piles P. Le visité, avec le bouton M et les piles P, fait marcher la gâche G.

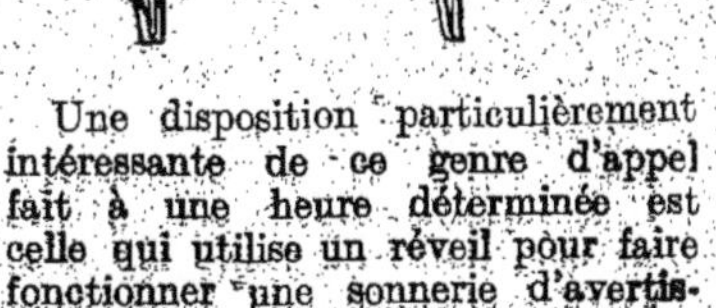

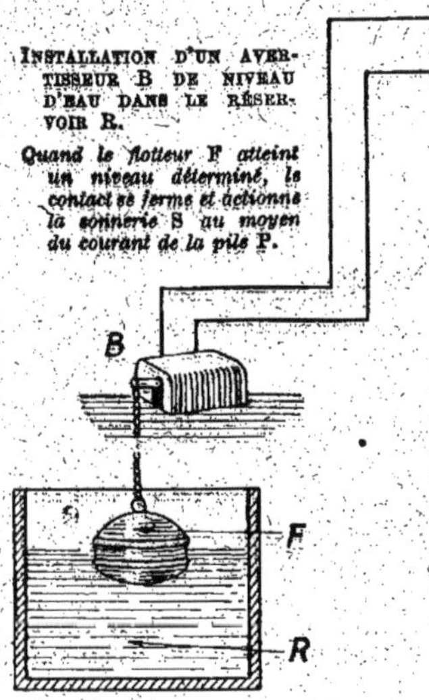

des petits ressorts de bronze très souples, qui seront réunis par la pression de l'aiguille, ou par le choc du marteau sur le timbre.

Les contacts ferment alors un circuit d'une batterie de piles sur des conducteurs qui vont actionner successivement les sonneries de répétition de l'heure.

Ces sonneries peuvent revêtir des formes différentes, suivant les endroits où elles sont placées.

C'est ainsi que nous avons vu réaliser ce genre d'appareils au moyen d'un mécanisme de sonnerie trembleuse ordinaire agissant sur une douille en cuivre d'obus, suspendue par une tige qui passait dans l'emplacement de l'amorce.

Le son obtenu était très puissant et pouvait se distinguer de toutes les parties d'un bâtiment.

Une disposition particulièrement intéressante de ce genre d'appel fait à une heure déterminée est celle qui utilise un réveil pour faire fonctionner une sonnerie d'avertissement à heure fixe.

Il suffit de placer les contacts à lames sur le marteau et sur le timbre de la sonnerie du réveil.

On peut ainsi déclancher un contact à l'heure que l'on veut et faire marcher des sonneries même à une grande distance de l'endroit où se trouve placé le réveil.

On peut ainsi réaliser des combinaisons très utiles et des moyens de contrôle très efficaces.

CHAPITRE VII

L'Éclairage électrique

Le courant électrique peut être utilisé pour l'éclairage et aujourd'hui que les lampes à incandescence ont fait des progrès notables, on n'emploie pour ainsi dire plus la lampe à arc complètement démodée.

Quand il s'agit d'avoir des intensités considérables, on trouve des lampes à filament métallique, dont la puissance peut aller même jusqu'à 4.000 bougies comme lorsqu'il

Le commutateur de lampes permet de couper le circuit en tournant un bouton. Les fils se raccordent en passant dans des trous du socle isolant et se fixent aux bornes. La boucle du fil doit être faite dans le sens du serrage de l'écrou sur la borne.

s'agit de lampes destinées à l'éclairage des phares.

Les lampes affectent des formes et des dimensions variées, elles utilisent le principe de l'action du courant sur un filament de charbon ou de métal rare renfermé dans une ampoule en verre dans laquelle, en général, on fait le vide aussi complet que possible.

La différence caractéristique des divers types de lampes réside surtout dans la nature du filament employé.

Les chiffres intéressants à connaître dans une lampe sont : la puissance lumineuse, qui est indiquée en bougies ; l'intensité en ampères du courant qui doit produire cette puissance lumineuse ; enfin, la différence du potentiel qu'on doit appliquer aux bornes de la lampe pour y faire utilement passer le courant.

La puissance lumineuse est indiquée en nombre de bougies sur la lampe elle-même ou sur le culot ; de même pour le voltage du courant qui doit passer dans la lampe.

Il est facile, au moyen de ces deux chiffres, d'en déduire l'intensité du courant nécessaire, à condition que l'on connaisse la consommation d'électricité que demande par bougie la lampe considérée.

Cette intensité se mesure en watts, le watt étant le produit d'un ampère par un volt : c'est en réalité la consommation de courant d'un ampère fourni par une force électromotrice d'un volt dans un circuit quelconque.

Les lampes consomment depuis 4 watts, pour certaines lampes à filament de charbon, jusqu'à 1 watt par bougie pour les lampes à filament métallique. On a même ce qu'on appelle la lampe demi-watt.

Par conséquent, si nous prenons

Pour brancher une douille de lampe, on dévisse la partie métallique formant anneau (à gauche dans la figure) et les fils passent dans les trous du socle en porcelaine pour venir se fixer aux deux bornes de la douille. Le fil doit être enroulé dans le sens du serrage de la vis ou de l'écrou de la borne. Quelquefois le fil doit entrer dans un trou et rester simplement bloqué par une vis de serrage formant pression sur le fil.

par exemple une lampe de 55 bougies à filament métallique, elle consommera 55 × 1, soit 55 watts. Si le courant qui est destiné à l'alimenter est du courant continu à 110 volts, l'intensité en ampères sera égale à 55 : 110, soit 1/2 ampère.

Il est facile alors de déterminer également la résistance intérieure de la lampe à chaud, c'est-à-dire en fonctionnement.

Pour cela, on applique la loi d'Ohm. Cette loi dit que la résistance d'un circuit est égale au voltage du courant appliqué aux extrémités, divisé par l'intensité du courant qui traverse le circuit.

Par conséquent, nous aurons ici 110 : 0,5, soit 220 ohms.

Ces chiffres sont intéressants à connaître quand on veut calculer l'intensité du courant nécessaire pour une installation et il est indispensable de connaître cette intensité pour ne pas s'exposer à brancher des lampes d'un nombre de bougies trop considérable, suivant la puissance disponible de la source d'électricité dont on dispose et suivant la section des canalisations ou des fils conducteurs.

De même, on pourra comparer la résistance du circuit et celle des lampes, et calculer ainsi quelle est la chute de voltage à l'extrémité d'une ligne de distribution d'éclairage.

DIFFÉRENTES SORTES DE LAMPES À INCANDESCENCE

La lampe à incandescence est constituée par un culot, avec deux

Une prise de courant se compose d'une tête en porcelaine avec deux broches qui se placent dans deux tubes métalliques noyés dans le socle en porcelaine. Les fils de distribution arrivent au socle. La tête est reliée par un câble souple à deux conducteurs à l'appareil que l'on veut brancher

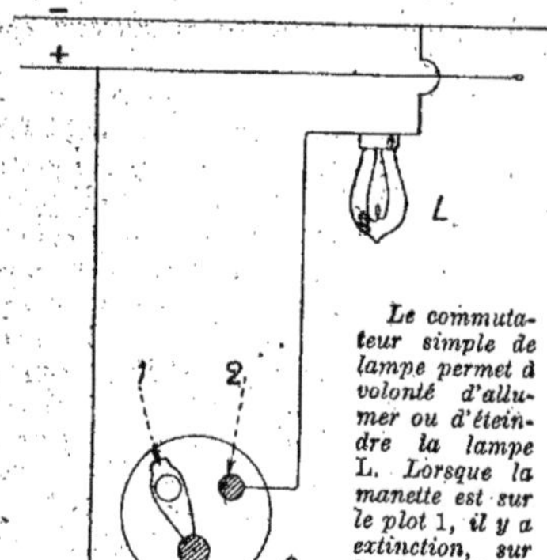

Le commutateur simple de lampe permet à volonté d'allumer ou d'éteindre la lampe L. Lorsque la manette est sur le plot 1, il y a extinction, sur le plot 2, il y a allumage.

le circuit. Quelquefois la douille est munie d'une clé permettant de mettre le filament hors circuit sans manœuvrer un autre interrupteur.

La lampe à incandescence la plus ancienne est celle qui est à filament de charbon. Ce filament est formé d'une fibre de cellulose chimique qui permet d'avoir un filament homogène et bien équilibré.

Cette fibre traitée à très haute température est transformée en une sorte de graphite. Le filament est ensuite nourri, c'est-à-dire porté au rouge par le courant dans une atmosphère de gaz d'éclairage purifié.

La lampe à filament de Tantale utilise ce dernier métal pour la constitution du filament.

La lampe Osram est fabriquée au contraire avec un filament d'alliage formé de tungstène et d'osmium.

La première consomme environ

tenons pour le montage à baïonnette, avec une partie filetée grossièrement pour le montage à vis.

Le fait de placer le culot dans une douille donne les connexions nécessaires pour mettre le filament dans

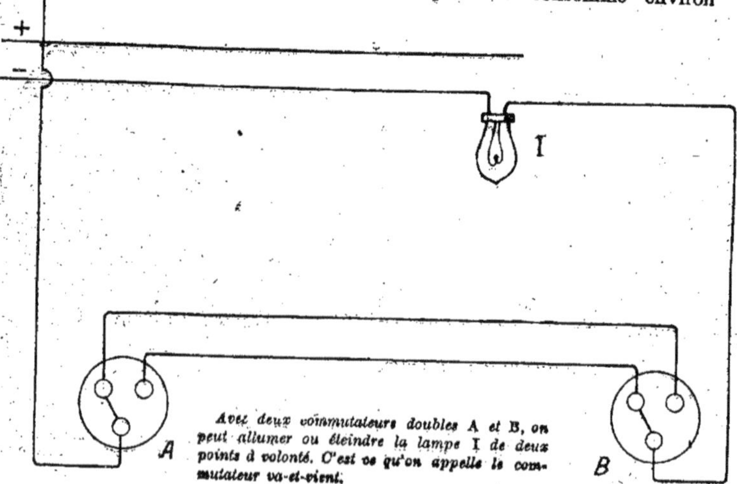

Avec deux commutateurs doubles A et B, on peut allumer ou éteindre la lampe I de deux points à volonté. C'est ce qu'on appelle le commutateur va-et-vient.

2 watts 1/2 par bougie décimale. La seconde 1 watt 15 environ.

La lampe à filament de charbon, par contre, a une consommation qui peut atteindre jusqu'à 4 watts par bougie.

Une lampe récente est celle qu'on appelle la lampe demi-watt. Elle est constituée par un filament de tungstène. Ce métal est fondu en baguettes qui sont étirées ensuite dans des filières en diamant.

Pour permettre l'emploi du tungstène, on a dû supprimer complètement la présence de la petite quantité d'oxygène susceptible de rester dans l'ampoule, en raison du vide imparfait. Pour cela on a adopté un gaz inerte, tel que l'hydrogène qui existe alors seul dans l'ampoule.

Bien entendu ce gaz hydrogène est en très petite quantité, et l'atmosphère de l'ampoule est malgré tout assez raréfiée.

La consommation de ce genre de lampes est d'environ 0 watt 6 par bougie décimale. C'est le modèle le plus moderne des lampes à incandescence employées aujourd'hui.

APPAREILLAGE

Les lampes à incandescence sont placées dans des supports ou douilles qui sont montées sur des appareils de formes très diverses. Il y en a avec pied simple, avec ou sans abat-jour. On a également des candélabres, des lustres, des modèles riches et compliqués.

Généralement la lampe est entourée d'une tulipe en verre ou en cristal où elle comporte simplement un abat-jour de forme appropriée suivant l'usage auquel la lampe est destinée.

Pour faire communiquer les appareils mobiles avec le circuit parcouru par le courant, ces appareils sont connectés par un câble souple qui se termine par un bouchon de prise de courant.

Ces bouchons viennent se placer dans des appareils fixes branchés sur le circuit principal qui constituent la prise de courant.

Quand les lampes sont suspendues, on emploie des organes appelés

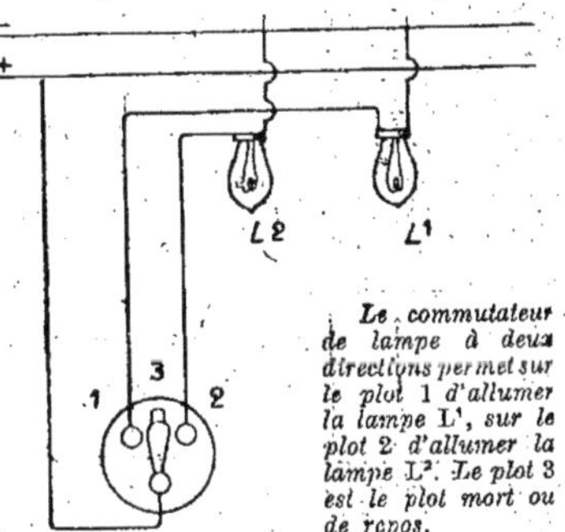

Le commutateur de lampe à deux directions permet sur le plot 1 d'allumer la lampe L¹, sur le plot 2 d'allumer la lampe L². Le plot 3 est le plot mort ou de repos.

rosaces fixées au plafond. La lampe est alors suspendue par un câble et parfois un contre-poids permet de la placer à la hauteur voulue.

Dans une installation d'éclairage électrique, il y a deux choses à considérer : d'abord la canalisation, les appareils de sécurité, tels que les fusibles et l'appareillage, c'est-à-dire les rosaces, les commutateurs de manœuvre, etc., puis l'autre partie, qui intéresse surtout celui qui emploie les appareils et qui dépend de la forme de ces derniers, de leur disposition, de leur consommation et de la puissance des lampes.

EMPLACEMENT DES LAMPES

On doit, dans un projet, considérer chaque maison, puis chaque pièce

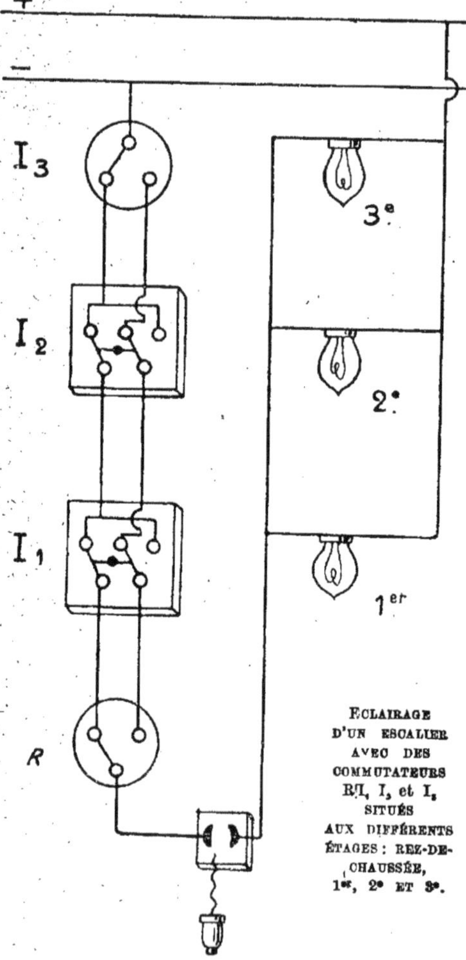

ÉCLAIRAGE
D'UN ESCALIER
AVEC DES
COMMUTATEURS
R, I_1, I_2 et I_3
SITUÉS
AUX DIFFÉRENTS
ÉTAGES : REZ-DE-
CHAUSSÉE,
1ᵉʳ, 2ᵉ ET 3ᵉ.

On peut, avec cette disposition, allumer ou éteindre toutes les lampes de n'importe quel étage. La fiche, chez la concierge, permet de supprimer le courant.

isolément ; au point de vue de son éclairage, il faut tenir compte de la destination d'une pièce, et aussi de sa décoration.

La lumière ornementera une maison, si la forme et l'emplacement des appareils sont appropriés à la décoration des pièces.

L'appareillage aura de préférence un aspect léger et harmonieux correspondant au reste de l'ameublement. Les lustres massifs supportant des lampes fragiles doivent être prohibés, étant donné surtout que l'éclairage électrique peut être placé en n'importe quel point, sans craindre de salir ou de chauffer par trop les objets voisins, comme lorsqu'il s'agit du gaz d'éclairage.

On étudie donc chaque pièce, on lui attribue une quantité de lumière donnée et un nombre déterminé de foyers lumineux.

Les escaliers, les couloirs comporteront des appareils simples, avec des réflecteurs ripolinés ou même avec des abat-jour en porcelaine opale.

On peut avoir alors des circuits spéciaux qui permettent d'allumer et d'éteindre les lampes de n'importe quel palier de l'escalier.

La pièce principale, en

général le salon, aura une lumière vive avec des effets variés. Le plus souvent un lustre est placé au milieu,

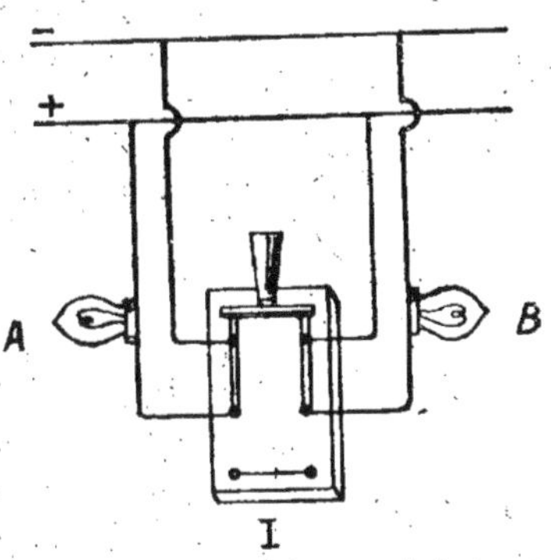

Avec un interrupteur inverseur I, dont on a réuni deux plots inférieurs, on peut allumer deux lampes A et B, comme le montre la figure. Si on manœuvre l'interrupteur pour le mettre sur les plots du bas, on met les deux lampes en série et par suite en veilleuse.

et des appliques sont disposées aux bons endroits. Si le plafond est bas, on se contentera simplement de prendre des appliques. Le lustre, au contraire, dissimule le vide trop important d'un plafond élevé.

On peut disposer tout autour de cette pièce quelques prises de courant, qui permettront de déplacer des lampes mobiles et de les employer aux endroits voulus.

Dans la salle à manger, l'éclairage sera surtout concentré sur la table, au moyen d'une suspension, par exemple avec un abat-jour approprié.

Les lampes ordinaires auront au plus 16 bougies. Les lampes de candélabres, les consoles auront 10 bougies. Pour la chambre à coucher, on peut avoir des lampes-appliques à la tête du lit. Ces lampes devront

s'éteindre par une poire suspendue à un fil souple. On peut prévoir aussi des prises de courant avec une lampe portative.

Les cuisines auront des réflecteurs en tôle émaillée. Une lampe mobile pourra être placée commodément pour le service du fourneau.

Tout ceci ne donne que des indications générales qui pourront varier à l'infini, mais il faut éviter l'écueil de prendre des lampes trop intenses lorsque cela n'est pas nécessaire.

On peut aujourd'hui trouver facilement des lampes de 50 et de 100 bougies, qui peuvent alors éclairer au moyen d'une seule unité de grands locaux et de grands espaces.

L'emplacement des lampes sera étudié très soigneusement. Le choix

Pour remplacer les fusibles fondus, on place un fil d'alliage de plomb d'un diamètre voulu entre les bornes du coupe-circuit et on les assujettit solidement en serrant ces bornes. La boucle du fil doit être fermée dans le sens du serrage.

de l'abat-jour, sa forme et sa position par rapport à la lampe ont aussi une très grande importance.

L'abat-jour métallique est évidemment supérieur à tous les autres, car

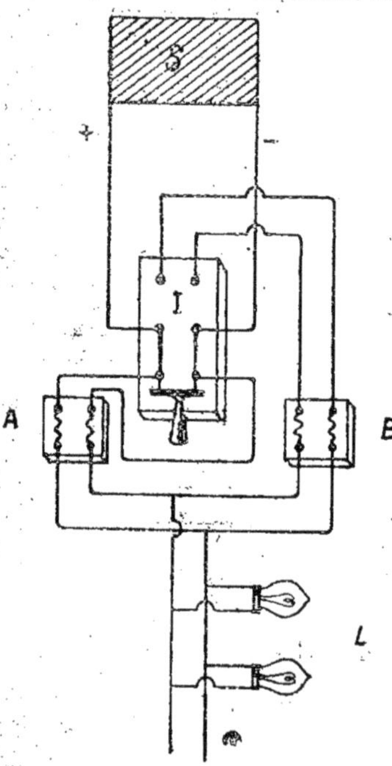

DISPOSITION DE FUSIBLES EN DOUBLE A ET B ENTRE LA SOURCE DE COURANT ET LES LAMPES L.

On emploie pour cela un interrupteur inverseur I. La figure est indiquée avec le fusible A en service. S'il fond, on manœuvre l'inverseur pour mettre en circuit le fusible B.

il ne laisse passer aucun rayon à la partie supérieure.

Il n'est pas toujours possible néanmoins d'employer ces abat-jour, et

on les remplace alors par des pièces en porcelaine ou par des tulipes dépolies.

Un point éclairé par une lampe le sera au maximum lorsqu'il sera situé à 50 centimètres de différence du niveau de la lampe et à 30 centimètres d'écartement dans le sens horizontal.

Enfin l'éclairage électrique permet de faire commodément ce qu'on appelle l'éclairage indirect, qui consiste à refléter la lumière sur un plafond très blanc ou sur une surface parfaitement blanche. Ceci donne dans les pièces un éclairage à lumière diffuse très reposant et exempt d'ombre.

LUMIÈRE DU JOUR

Quelques dispositifs qui sont basés sur l'absorption de certaines radiations par des écrans colorés permettent d'obtenir une lumière identique à la lumière du jour.

L'emploi de ces appareils est précieux partout où il est indispensable d'avoir un éclairage identique à celui donné par le soleil.

C'est ainsi que les bijouteries, par exemple, les salles d'opérations chirurgicales, les commerces de papiers peints et d'étoffes, trouveront l'utilisation judicieuse de ces systèmes d'écrans, dits systèmes « lumière du jour ».

INTERRUPTEURS ET COUPE-CIRCUITS

Au point de vue de l'appareillage, chaque lampe ou chaque groupe de lampes comporte un interrupteur et un coupe-circuit.

L'interrupteur est destiné à laisser passer ou à couper le courant, c'est-à-dire à allumer ou à éteindre les lampes. Il y en a de différents modèles.

des interrupteurs à clé, des interrupteurs à manette. Certains types mêmes sont à levier basculant et le contact est fou **ni** par un peu de mercure qui se déplace et vient court-circuiter deux fils conducteurs.

Il existe des interrupteurs-commutateurs à plusieurs plots qui permettent de réaliser des combinaisons multiples d'allumage et d'extinction, par exemple, la possibilité de commander à volonté un groupe de lampes de deux points différents d'une pièce, etc.

Le coupe-circuit est un appareil qui coupera automatiquement le courant lorsque l'intensité deviendra anormale et pourra compromettre la conservation du filament de la lampe.

Le principe est d'utiliser un fil fusible que le courant fera fondre, ce qui interrompt le circuit.

Il est, en effet, plus rationnel d'avoir à remplacer un fil de plomb dans le coupe-circuit, que d'enregistrer la destruction d'une lampe.

Certains dispositifs, en particulier pour les coupe-circuits principaux, permettent de placer l'interrupteur sur une autre série de fusibles lorsque la première série vient d'être fondue.

On a alors tout le temps nécessaire pour remplacer le fil détérioré, sans pour cela rester privé pendant quelque temps de lumière.

Section des Fils et Montage

La section des fils dépend évidemment de l'intensité du courant. La tension étant en général de 110 volts, on peut déterminer cette intensité suivant le nombre de bougies des lampes et d'après la nature de ces lampes.

On admet généralement que l'intensité pratique que peut supporter un fil peut aller de 3 à 4 ampères par millimètre carré ; cela dépend de l'isolant, et du temps pendant lequel le courant circule dans le fil.

Au point de vue de la distribution du courant, il y a diverses méthodes à employer. Cependant, dans une installation domestique, cette distribution consistera à avoir deux fils qui se déplaceront jusqu'à proximité de tous les foyers lumineux. Les lampes seront montées avec leur interrupteur toutes en dérivation sur ces fils. On peut ainsi éteindre n'importe quelle,

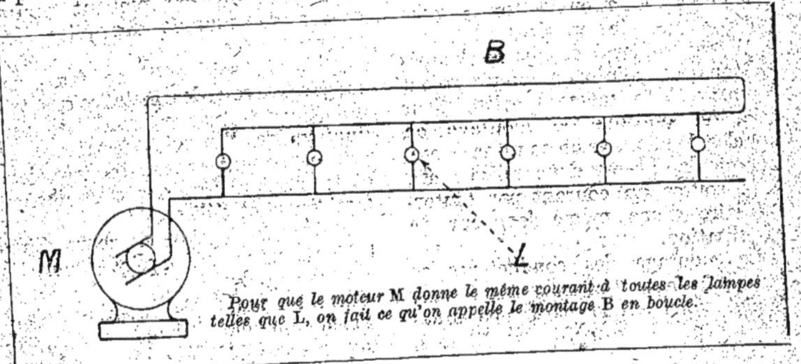

Pour que le moteur M donne le même courant à toutes les lampes telles que L, on fait ce qu'on appelle le montage B en boucle.

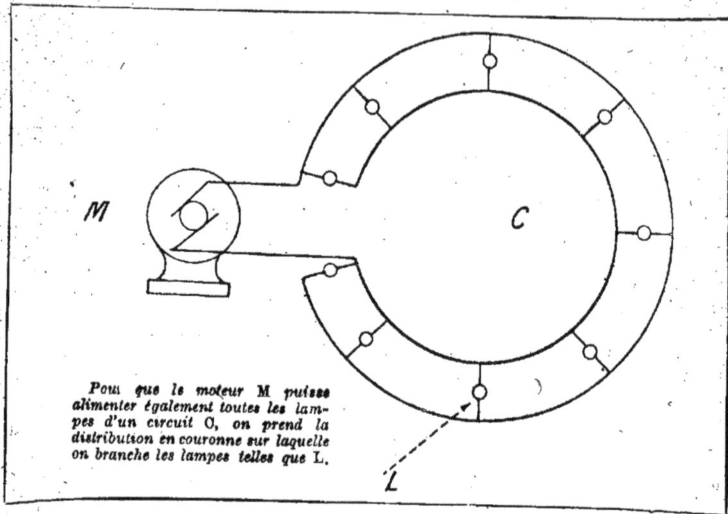

Pour que le moteur M puisse alimenter également toutes les lampes d'un circuit O, on prend la distribution en couronne sur laquelle on branche les lampes telles que L.

lampe sans que les autres soient affectées.

Un fil de la dérivation traversera l'interrupteur, l'autre fil passera à travers le coupe-circuit.

Plus rarement on monte les lampes en série, car alors elles sont solidaires et la destruction de l'une d'elles entraîne l'extinction de toutes celles qui sont montées en série.

Il faut veiller à ce que les lampes en tous les points du circuit soient soumises à la même tension. Pour cela, on pratique le montage en boucles, le montage en couronnes, etc. Chaque lampe est donc reliée ainsi, à la source du courant par l'intermédiaire d'une même longueur de canalisation.

Le montage des conducteurs se fait de la façon que nous avons vue, quand nous avons parlé des différents organes de pose des circuits.

ECLAIRAGE AVEC PILES

Quand on n'a pas le courant du secteur ou lorsqu'on n'a pas de dynamo génératrice pour alimenter un circuit d'éclairage, on peut malgré tout, si on le désire, employer l'éclairage électrique en prenant commé source de courant des piles électriques.

Mais on sait qu'il ne faut pas songer à avoir des installations très importantes avec ce mode de production de l'énergie électrique. Le prix de revient est en effet très élevé et la manipulation des piles devient fastidieuse et délicate.

Malgré tout, ce petit genre d'installation peut être appliqué pour des cas spéciaux.

Etant donné le nombre élevé d'éléments que demanderait le voltage normal de 110 volts, on emploie dans ce cas des lampes à très faible voltage.

On prend une tension depuis 4 volts jusqu'à 12 volts par exemple, ce qui diminue évidemment beaucoup le nombre d'éléments de piles ou même d'accumulateurs à employer.

La tension étant peu élevée, on n'a pas grandes précautions à prendre pour l'installation des fils. Ces précautions sont du même ordre que celles qui existent pour la pose des fils de sonnerie.

LAMPES VEILLEUSES

On peut avoir besoin de laisser subsister dans certains endroits une lumière très faible. Il faut donc diminuer l'intensité du courant qui passe dans la lampe, et proportionner la consommation du courant à l'intensité lumineuse qu'on demande pour cette lampe.

Lorsqu'on emploie du courant alternatif, le problème est très simplifié, car il suffit de prendre des appareils transformateurs qui sont montés sur une douille de lampe et qui se terminent par une petite lampe à faible voltage.

Cette dernière consomme très peu, donne une lumière faible et la quantité de courant qui passe est nettement proportionnée à l'intensité lumineuse.

Quand on a du courant continu, on n'a pas d'autre solution que d'intercaler en série avec la lampe, une résistance. Malheureusement cela a l'inconvénient de consommer inutilement du courant.

En effet, la lampe et la résistance en série absorbent une quantité de courant égale à celle de la lampe quand elle donne son éclairement maximum.

Pour remédier à cette dépense de courant inutile, si l'on a deux lampes voisines à mettre en veilleuse, par exemple dans un corridor de cave et dans une cave, on pourra agencer

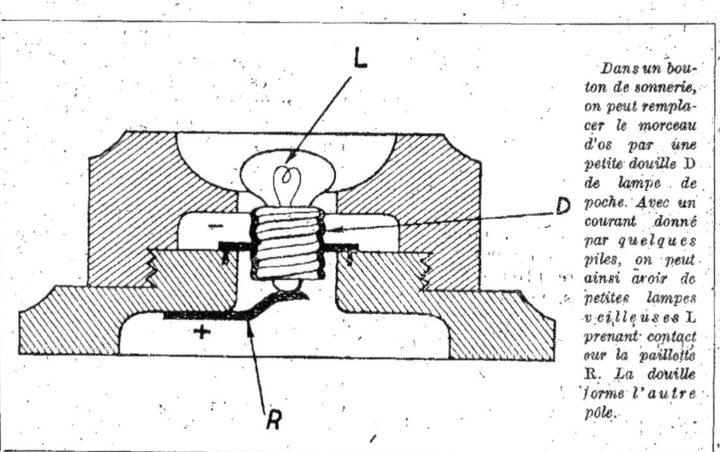

Dans un bouton de sonnerie, on peut remplacer le morceau d'os par une petite douille D de lampe de poche. Avec un courant donné par quelques piles, on peut ainsi avoir de petites lampes veilleuses L prenant contact sur la paillette R. La douille forme l'autre pôle.

une disposition qui permettra de monter les deux lampes tantôt en série, tantôt en dérivation.

Quand les lampes seront montées en dérivation suivant le mode ordinaire, elles éclaireront toutes les deux à leur intensité normale. Lorsqu'on fera agir le commutateur et qu'on les montera en parallèle, elles consommeront chacune moitié moins de courant et éclaireront très faiblement.

La consommation des deux lampes sera la même que celle d'une seule lampe à son intensité maximum.

Une petite disposition ingénieuse de lampe veilleuse consiste dans l'emploi d'un petit transformateur de sonnerie que nous savons construire. Ce petit transformateur, placé immédiatement auprès du compteur ou auprès de l'interrupteur principal, alimentera un circuit spécial analogue à un circuit de sonnerie.

Sur ce circuit, seront placés en dérivation des petites lampes à bas voltage, dont la valeur sera déterminée par la tension fournie au transformateur.

Ces petites lampes seront fixées aux points voulus, dans des appareils ayant la forme de boutons poussoirs d'appel de sonnerie. Le bouton en os sera remplacé par la lampe vissée dans une douille de lampe de poche.

En branchant, au moyen d'un interrupteur, le transformateur sur la source de courant, on éclairera toutes ces petites lampes veilleuses qui peuvent être placées à des endroits commodes, par exemple pour signaler l'emplacement des commutateurs de l'éclairage ordinaire.

MINUTERIES

Pour l'éclairage des escaliers dans les maisons de rapport, il est nécessaire, après l'extinction des lumières, de pouvoir éclairer ces escaliers lorsqu'un locataire rentre ou lorsqu'il sort.

Afin que cet éclairage ne puisse pas durer le restant de la nuit, dans le cas où l'on oublierait de l'éteindre, le courant est fourni par l'intermédiaire d'un appareil appelé minuterie.

Le principe des minuteries est d'utiliser un mouvement d'horlogerie réglable qui se déclanche après une période de quelques minutes, et qui à ce moment vient couper le courant qu'on avait ainsi établi pour une durée momentanée.

CHAPITRE VIII

Chauffage et Cuisine électriques

PRINCIPE DU FONCTIONNEMENT

On peut employer l'électricité pour le chauffage des appartements, pour différentes sortes d'appareils calorifiques, pour la cuisine, le repassage, etc.

Le principe du fonctionnement de ces divers appareils est d'avoir des résistances chauffantes, c'est-à-dire des conducteurs électriques métalliques, traversés par du courant, chauffe sous l'action du passage du courant.

Le chauffage est d'autant plus élevé que le courant est plus intense, et que la résistance électrique du conducteur est plus forte.

La nature du fil métallique intervient alors. Ainsi le cuivre, étant un métal bon conducteur, ne sera pas employé pour des résistances de chauffage, tandis qu'au contraire le nickel, le maillechort le fer même, qui ont une résistance électrique élevée, auront un emploi tout indiqué pour ce genre d'appareils.

Ce phénomène de l'échauffement d'un conducteur sous l'action d'un courant s'appelle « effet Joule ».

Un fil parcouru par le courant chauffe, et cette chaleur se dissipe par rayonnement dans l'air qui environne.

Lorsque l'échange des températures a atteint son état d'équilibre, la température du fil reste alors constante. C'est ainsi qu'un fil de maillechort de 1 mm. de diamètre, peut supporter un courant de 15 ampères. A cette intensité, la température sera de 550° environ. Ce fil ayant une longueur d'une vingtaine de mètres pourra servir à chauffer une pièce d'un appartement.

On a essayé, bien entendu, différentes sortes de métaux et d'alliages pour construire une résistance de chauffage. Le meilleur résultat a été atteint par du nickel pur, et mieux encore par un alliage de nickel-chrome.

Il est en effet nécessaire que le fil puisse résister aux oxydations inévitables, qui agissent par suite des changements continuels de température. Il faut que le fil ait une résistance unitaire très élevée, pour qu'on n'ait pas à employer de grandes longueurs de fil, en vue d'obtenir un chauffage déterminé.

Suivant le genre d'appareil, ces fils sont disposés en boudins, en couronnes, en galettes, et sont placés sur des supports isolants, quelquefois même entre des feuilles de mica.

Plus récemment, on a utilisé la résistance électrique élevée des dépôts minces de nickel sur des matières isolantes.

Pour les radiateurs destinés à chauffer les appartements, on tend en général les fils sur des supports.

En particulier, la mode actuelle place ces résistances chauffantes au centre d'un réflecteur plus ou moins étudié, qui dirige la chaleur comme

Un fil résistant chauffé par le courant est placé au centre d'un réflecteur poli qui renvoie la chaleur dans une chambre comme un miroir concave renvoie la lumière. L'appareil est fixé sur un pied et peut se déplacer facilement et le fil qui le relie à la prise de courant est suffisamment long.

un réflecteur ordinaire dirige la lumière.

SORTES D'APPAREILS

La réalisation de ces appareils de chauffage est extrêmement variée. Nous allons en passer rapidement quelques-uns en revue :

Les radiateurs sont, comme nous l'avons vu, soit à boudins de chauffage dissimulés ou apparents, soit à réflecteurs.

On a même certains appareils qui sont constitués par des lampes de grande dimension en verre dépoli. C'est le filament qui chauffe l'ampoule, laquelle rayonne sa chaleur dans l'appartement. Ces ampoules sont placées en général plusieurs les unes à côté des autres, derrière une sorte de réflecteur qui renvoie la chaleur.

Les appareils chauffe-bain sont constitués par des réservoirs à remplissage automatique. L'eau circule devant des résistances de chauffage avant de se rendre dans la baignoire. Quelques appareils même sont encore plus automatiques pour le chauffage de l'eau. Quand on ouvre le robinet pour faire couler l'eau, on produit en même temps le contact qui amène le courant dans des résistances chauffantes placées près d'un serpentin, dans lequel l'eau circule. Il en résulte que presque immédiatement l'eau chaude coule par le robinet. Cela permet d'avoir instantanément une quantité déterminée d'eau chaude.

On a également des chauffe-fers à friser électriques, même un fer à friser chauffé directement par une résistance située dans le manche, les bouillottes électriques, les théières, les chauffe-plats, les tabourets, les chauffe-pieds, et toute la variante d'appareils utilisables jusqu'aux fers à repasser et aux chauffe-lits qui emploient également le courant électrique qui passe dans des résistances.

On trouve aussi des dispositifs que l'on plonge dans l'eau que l'on

FER À REPASSER ÉLECTRIQUE.

Le fer à repasser électrique comporte à l'intérieur un fil résistant enroulé sur une plaque isolante et réfractaire. Le courant passe dans ce fil et l'échauffe. La chaleur produite se communique au socle du fer à repasser qu'on tient par une poignée isolante.

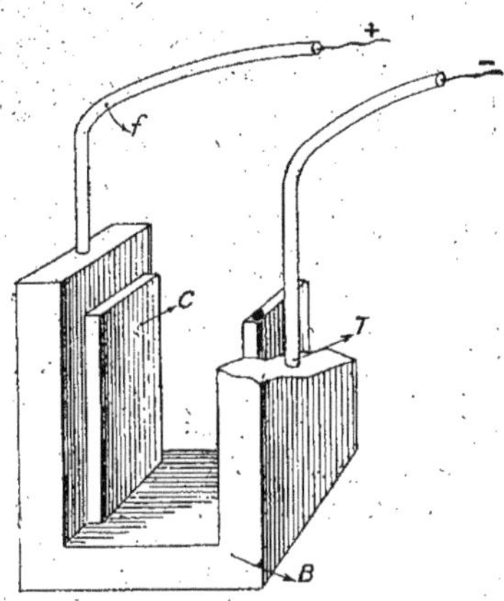

CHAUFFE-BAIN ÉLECTRIQUE.

Un bloc en ciment ou en plâtre porte deux lames de charbon O. Les fils d'amenée du courant T sont noyés dans le bloc et viennent se raccorder aux charbons. Le courant va d'une électrode à l'autre dans le liquide et le chauffe.

désire chauffer. Ces appareils, qui sont branchés sur une prise de courant, permettent d'élever en très peu de temps la température d'un liquide. Ceci est pratique par exemple pour les bains de photographie.

On utilise aussi des cataplasmes et des tapis chauffants. Dans ce dernier mode d'appareils, le fil résistant est enroulé en spirale sur de l'amiante qui est placée entre deux revêtements isolants.

CONSTRUCTION D'UN CHAUFFE-BAIN

On peut construire assez facilement un appareil destiné à chauffer par immersion une quantité d'eau, relativement importante en utilisant le chauffage de l'eau par le passage direct du courant. Pour cela, on prépare une pièce en ciment moulé dans une boîte métallique ronde. Cette pièce est constituée par un socle plat et par deux ailes latérales. Sur ces deux ailes, à l'intérieur, on place deux plaques en charbon qui seront des électrodes positives de piles Leclanché, et qui seront distantes de quelques centimètres.

Les deux fils conducteurs sont amenés à ces plaques, et les fils sont isolés au caoutchouc. Ils traversent le ciment par une ouverture ménagée et viennent se connecter sur le charbon.

Quand on plonge l'appareil dans l'eau, le liquide se chauffe de lui-même au moyen du courant qui passe d'un bloc de charbon à l'autre. Ce système donne de bons résultats pour chauffer modérément une masse d'eau assez importante, comme par exemple celle d'un bain.

CONSTRUCTION D'UN TAPIS CHAUFFANT

On peut fabriquer facilement un tapis chauffant avec un fil de chrome-

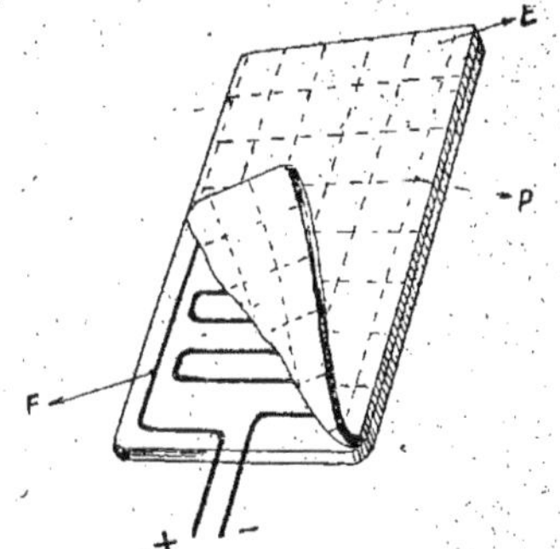

Dans un tapis chauffant on dispose le fil conducteur de chauffage dans du tube d'amiante et on le dispose en F entre deux plaques de drap épais E doublées d'amiante. On assemble avec des piqûres P.

nickel de 9 à 10 mètres de longueur et de 25 centièmes de millimètre de diamètre. Ce fil, enroulé en forme de boudin, est ensuite placé sur un cordon d'amiante, et le boudin est écarté de manière à avoir des spires très longues et pour intéresser toute la longueur du cordon d'amiante, laquelle sera ainsi de 2 à 3 mètres.

Ce petit ventilateur peut se fixer à la place d'une lampe électrique, sur un pied de lampe, sur une applique ou sur un support à rotule spécial. Il peut aussi se placer comme ventilateur de plafond au lieu d'une lampe suspendue.

Ce conducteur chauffant est passé ensuite dans un tube d'amiante d'un diamètre approprié, et le conducteur ainsi formé est placé entre deux morceaux de tapis ou de drap épais. Les surfaces seront assemblées et piquées comme celles d'un édredon. Les sorties du fil seront connectées par un fil souple, lequel sera relié à une prise de courant.

Avec un courant d'éclairage à 110 volts, ce tapis chauffant pourra servir à de nombreux usages : chauffe-pieds, chauffe-lits, cataplasmes, etc.

On a conçu, dans cet ordre d'idées, des appareils extrêmement ingénieux, des gants, des casques, qui sont employés pendant les temps froids par les automobilistes. Le courant est alors fourni par la batterie d'éclairage de la voiture.

EMPLOI DU CHAUFFAGE ÉLECTRIQUE

On a évidemment toute une série d'appareils pour les différents usages domestiques et industriels : des braseros, des pots à colle, des chaufferettes, des étuves, des fers à souder, des grille-pain, jusqu'à des fourneaux électriques de cuisine.

L'emploi de l'électricité pour la cuisine n'est pas très répandu dans nos contrées. Ceci vient de ce que le courant est fourni au consommateur à un prix encore élevé, et aussi du fait qu'il n'y a pas de secteur de distribution dans tous les endroits.

Peut-être l'électrification du Rhône changera-t-elle tout cela.

Dans certains pays, au contraire, la cuisine électrique est souvent une règle et nous ne surprendrons pas nos lecteurs en disant qu'en Amérique cet emploi de l'électricité est particulièrement développé.

Le montage des appareils électriques de chauffage se fait absolument comme celui des lampes ; les conducteurs employés doivent faire intervenir l'intensité du courant ; on dispose également pour chaque appareil un interrupteur destiné à ouvrir ou à fermer le circuit, et un coupe-circuit fusible protège l'appareil, dans le cas où l'intensité du courant deviendrait dangereuse.

CHAPITRE IX

Petits moteurs
et Appareils domestiques

MONTAGE

Les appareils domestiques ou autres utilisent des petits moteurs de nature très diverse. Généralement, ces moteurs ont une puissance faible, et ils se branchent de la même façon qu'une lampe à incandescence sur une prise de courant.

La prise de courant comporte alors un fusible. L'interrupteur se trouve en général placé sur le socle du moteur lui-même. Quelquefois le fusible également se trouve placé sur le moteur.

VENTILATEURS

En première ligne, nous avons les ventilateurs d'appartement. Le moteur électrique comporte sur son arbre des ailettes plus ou moins grandes qui sont destinées à brasser l'air et à assurer une circulation plus intense.

Les modèles de ces appareils sont très variés. Ils vont du ventilateur posé sur un pied jusqu'à celui qui est fixé au plafond, en passant par les ventilateurs fixés sur une applique murale et parfois orientable.

Un modèle intéressant est celui qui peut se fixer à la place des lampes avec la même douille, ce qui est d'un emploi pratique remarquable.

Les ventilateurs de plafond ont une vitesse plus réduite que les autres. Ils comportent des grandes ailes et déplacent un grand volume d'air, malgré leur rotation peu rapide. Généralement, les vitesses adoptées pour les ventilateurs ordinaires vont de 600 à 1.500 tours.

Les rhéostats manœuvrés par une petite manette permettent de varier cette vitesse et de faire marcher les ventilateurs, soit très vite, soit plus ou moins lentement.

Les ventilateurs de plafond tournent en général à 50 tours.

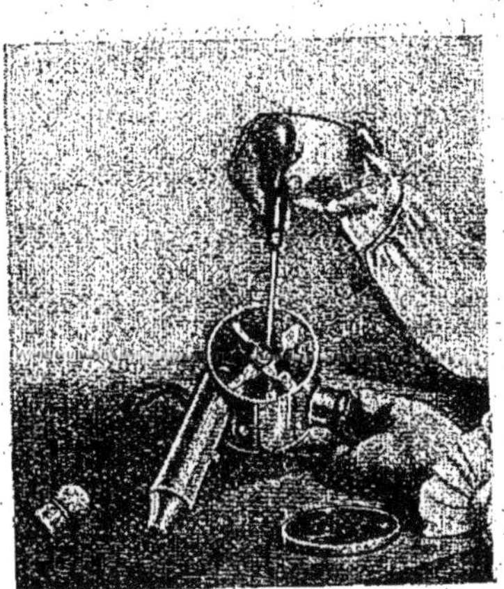

Un souffleur d'air chaud comporte un moteur qui fait tourner des ailettes de ventilateur que l'on fixe par une vis, comme le montre la figure. Un fil résistant assure le chauffage de l'air qu'une embouchure permet de diriger au point voulu.

Les ventilateurs aspirants sont placés souvent dans l'ouverture d'une paroi. Ils comportent également des persiennes qui règlent le débit de l'air et permettent de faire agir le ventilateur avec plus ou moins de puissance.

APPAREILS À AIR CHAUD

La ventilation de l'air et son chauffage ont été combinés dans un appareil particulier destiné au séchage des cheveux. Cet appareil est constitué par un moteur qui fait passer un courant d'air sur des résistances de chauffage traversées par le courant du moteur. Cet air est dirigé par un tube sur les cheveux que l'on veut sécher.

On manœuvre l'appareil à la main par une poignée, et on peut diriger l'air chaud à la place que l'on désire.

Généralement, la température du courant d'air est réglable, on peut ainsi à volonté envoyer de l'air chaud ou de l'air froid.

Ces appareils sont actuellement très répandus, non seulement chez les coiffeurs, mais aussi dans les maisons particulières.

Une application originale de ce séchoir est celle qui se fait en Amérique pour le séchage des chaussures. Les cireurs de chaussures sont, dans ce pays, parfaitement bien outillés, et pour procéder plus rapidement sur une chaussure mouillée et souillée de boue, ils dirigent le jet du séchoir sur la chaussure. L'air chaud active le séchage et permet le nettoyage et le cirage d'une façon beaucoup plus rapide.

Le système de fixation de l'appareil sur la tablette où reposent les pieds permet de le faire fonctionner sans qu'il soit nécessaire de le tenir à la main.

BALAIS ÉLECTRIQUES

La ventilation au moyen d'un moteur électrique a été également appliquée aux appareils nettoyeurs ou aspirateurs à vide. Ces appareils se composent d'un moteur électrique muni d'ailettes qui aspirent de l'air dans une tubulure munie ou non d'une brosse.

Cette tubulure qui peut revêtir des formes très diverses est promenée à la surface des tapis, des cloisons, ou même sur la fourrure d'animaux, pour les brosser et aspirer la poussière. L'air chargé de poussière est renvoyé dans un sac qui

L'aspirateur de poussières permet de balayer rapidement un appartement. Un moteur ventilateur aspire l'air et la poussière par une ouverture près du sol. La poussière se rassemble dans un sac qu'il suffit de vider de temps à autre.

forme filtre. La poussière s'y dépose, et le sac est vidé périodiquement. Ce nettoyage est très rapide et peu fatigant. Il supprime beaucoup la main-d'œuvre.

LESSIVEUSES, REPASSEUSES ET CIREUSES

Dans le même ordre d'idées, pour se substituer aux domestiques, on a conçu des lessiveuses, dont le mouvement de rotation des baquets est obtenu par un moteur électrique.

Des repasseuses avec des calandres qui travaillent le linge, tournent aussi sous l'impulsion d'un moteur.

Enfin, des brosses à parquets sont constituées par un moteur sur l'arbre duquel les brosses sont placées. Le poids du moteur et du bâti appuie la brosse sur le parquet et il suffit de la promener au moyen d'un manche suffisamment long sur toutes les surfaces que l'on veut cirer.

MACHINES À COUDRE MACHINES À CAFÉ

Les machines à coudre ont tenté également les partisans du moteur électrique. Le moteur est fixé sur la table de la machine, et il entraîne celle-ci au moyen d'un galet fixé sur l'arbre du moteur. Ce galet fait friction sur le volant de la machine à coudre. Quelquefois le moteur se fixe aussi sur le bâti en fonte pour dégager la table.

Il est nécessaire, dans ce cas, de pouvoir modérer à volonté l'allure de la machine, et on emploie pour cela un rhéostat qui règle le courant d'excitation, afin de modifier la vitesse. Ce rhéostat est manœuvré par une pédale, de sorte que la mécanicienne, en appuyant plus ou moins

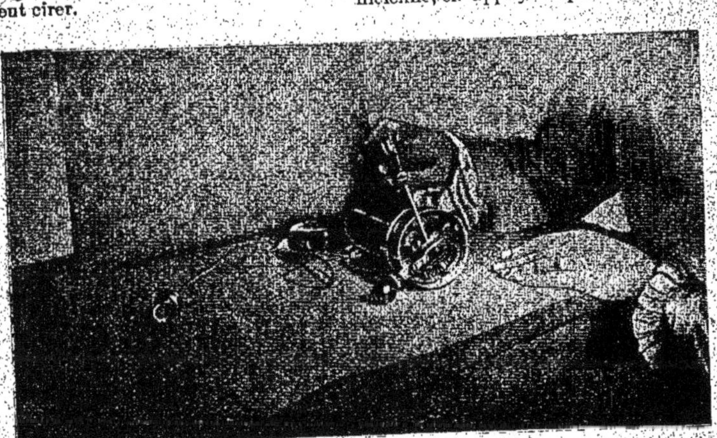

VIBRO-MASSEUR.

Le vibro-masseur comporte un moteur qui fait agir une petite bielle que l'on assujettit sur l'arbre avec une vis. Cette bielle reçoit ainsi un mouvement de va-et-vient et elle agit par une boule située à son extrémité.

le pied, diminue plus ou moins la vitesse. Elle a ses deux mains libres pour maintenir son ouvrage.

Ces moteurs de machines à coudre sont parfois susceptibles d'être montés avec des ailettes de ventilateurs ou des petites meules émeri, qui permettent d'affûter les couteaux, avec des petites brosses à polir qui permettent de nettoyer rapidement l'argenterie.

On a ainsi un moteur qui peut servir dans une maison à différents usages.

Certains appareils permettent également de moudre le café électriquement. La combinaison est fort simple. Elle consiste à entraîner par un moteur électrique des meules de broyage entre lesquelles passent les grains. Le café est versé dans un récipient supérieur. Il passe entre les meules, le grain est écrasé et détruit, et on recueille dans le récipient inférieur, une poudre plus ou moins fine, suivant le réglage que l'on a donné aux meules.

APPAREILS À BIELLE : MASSEURS

Le moteur peut être appliqué également pour produire un mouvement rectiligne. Dans ce cas, sur l'arbre du moteur est monté un excentrique qui actionne une petite bielle. Cette bielle, qui agit comme celle d'une machine à vapeur, fait déplacer un outil quelconque.

Dans ce genre, est conçu l'appareil de massage électrique. La petite bielle est agrémentée alors des différents outils de massage, soit des rondelles ou des plaquettes en ébonite, soit des capsules ou des pointes en caoutchouc soit même des petites brosses de soie que l'on utilise alors pour l'entretien du cuir chevelu.

MÉLANGEUR DE BOISSONS

Un autre genre de mécanisme à bielle est celui que l'on emploie pour mélanger les rafraîchissements. Ce genre de boisson fouettée et crémeuse est surtout apprécié par les Américains.

Le mélangeur électrique permet de préparer rapidement ces combinaisons de liquides, et l'appareil monté sur une petite potence est utilisé un peu partout dans les grands bars américains. L'agitateur tourne et se déplace à plusieurs milliers de révolutions par minute, ce qui permet d'obtenir des boissons crémeuses parfaitement homogènes et très agréables.

CISEAUX ÉLECTRIQUES
PIQUEURS DE DESSIN

Un mécanisme original est celui des ciseaux électriques. La bielle agit sur une lame de ciseau qui est articulée à une lame fixe. Cette dernière repose sur la table, passe sous l'étoffe et sert à guider le ciseau qui coupe le tissu à une très grande vitesse, tout en permettant de suivre parfaitement les contours de la coupe.

L'appareil piqueur de dessin est également une petite bielle qui se termine par une aiguille, que l'on déplace tout le long du trait, suivant lequel le dessin doit être piqué.

MOTEURS-JOUETS ET APPAREILS DIVERS

Enfin, des appareils moins importants utilisent aussi le courant électrique. Notons les appareils, jouets, locomotives électriques, petits moteurs des machines-outils de démonstration, petits moteurs faisant marcher des taille-crayons, pianos automatiques, machines à dicter, etc., mot urs de dentistes dont l'organe producteur des mouvements est toujours le moteur électrique.

On peut classer dans les appareils domestiques, bien qu'il ne s'agisse à proprement parler de l'emploi du moteur électrique, des appareils qui sont basés sur l'ozonisation de l'air, de manière à le purifier. Le courant agit sous forme d'effluve, pour former de l'ozone, qui réagit sur les impuretés de l'atmosphère.

De même les appareils de pasteurisation qui servent à la purification des liquides, des appareils à rayons ultra-violets qui agissent au point de vue médical sur les tissus humains et que certains instituts de beauté prônent comme ayant un effet absolument remarquable.

Enfin, on peut classer dans les appareils domestiques les lampes portatives qui sont toujours constituées par une pile sèche enfermée dans une gaine quelconque, sur laquelle est montée une lampe.

Lampes a Pile ou a Magnéto

Ces lampes ne sont guère intéressantes, car elles sont de durée précaire. Des dispositifs ingénieux donnent à la lampe l'aspect d'un bougeoir, la pile sèche étant enfermée dans la colonne ; le contact est donné simplement par la manœuvre de la poignée par laquelle on prend la lampe. Le poids de l'appareil fait manœuvrer le commutateur et allume la lampe. C'est un appareil original et commode pour la nuit, mais il a l'inconvénient de tous ces modes d'éclairage qui est celui du peu de durée des piles.

Certaines lampes de poche produisent le courant par une petite dynamo enfermée dans une gaine. Cette dy-

namo moteur est actionnée à la main par une manette ou par une petite chaîne. Elles ont l'inconvénient d'être un peu lourdes et encombrantes, mais leur durée est indéfinie, et il suffit de changer de temps en temps, les lampes pour qu'elles soient continuellement en état de rendre service.

Allumeurs

Certains appareils utilisent également le courant électrique pour

L'allumeur électrique utilise l'étincelle que l'on produit en déplaçant une tige métallique entre deux bornes généralement striées. Cette tige est creuse, elle porte une mèche imbibée d'essence qui s'enflamme sous l'action de l'étincelle.

allumer une mèche à essence. La mèche à essence est placée dans une gaine métallique. Cette gaine métallique portée par un manche vient frotter sur deux plaquettes en charbon ou sur deux plaquettes métalliques taillées en dents de scie. Ces deux plaquettes sont reliées à la source de courant.

Le fait de déplacer le tube porte-mèche forme court-circuit et produit des étincelles qui enflamment la mèche garnie d'essence. Pour que ce court-circuit ne soit pas dangereux, et pour que l'étincelle soit suffisamment chaude et active, on monte en série avec chaque plaquette, une résistance dite de self-induction.

C'est une bobine de fil ayant environ 10 à 15 ohms, quand il s'agit de courant à 110 volts ; cette bobine de fil a un noyau constitué par une armature de fil métallique. Le courant qui passe dans le fil agit par l'induction des spires les unes sur les autres, et ceci a pour effet de donner une étincelle de rupture quand le courant est établi puis interrompu dans le circuit, c'est-à-dire lorsque le tube métallique saute d'une strie des électrodes à l'autre.

Les bobines sont enfermées dans une boîte qui porte apparentes les deux plaquettes devant former contact. La gaine portant la mèche plonge au repos dans une sorte de réservoir garni d'essence.

La consommation de ces appareils ne va pas au delà de 3 à 4 ampères, mais la durée pendant laquelle ce courant est consommé est très faible. Ils sont bien supérieurs aux allumeurs, tels que les allume-cigares qui agissaient par l'action du courant sur un fil de platine. Ce fil de platine résistant était rougi par le passage du courant et permettait d'allumer soit le cigare, soit une mèche à essence quelconque.

CHAPITRE X

L'Électricité
dans un petit atelier

La présence d'une distribution électrique dans un petit atelier permet évidemment d'avoir des facilités d'éclairage, des rapidités de modification extrêmement nombreuses suivant la place qu'occupe la machine, ou suivant les choses que l'on entreprend.

Les lampes balladeuses qui sont fixées à l'extrémité d'une poignée, et qui sont protégées par un grillage, rendent de grands services pour les opérations de montage de pièces un peu importantes.

Le petit moteur trouve également dans l'atelier son emploi tout indiqué. Nous ne parlerons pas, bien entendu, de l'actionnement de la transmission par un moteur puissant, qui ne rentre pas dans le chapitre électricité domestique. Mais on peut actionner par exemple des petits tours.

Les appareils de polissage, de meulage, et de rectification sont également commandés par des petits moteurs. Il suffit de monter sur l'arbre du moteur la brosse, la meule, la meule émeri de rectification appropriée pour les rectifieuses en particulier. L'ensemble du moteur et de la meule peut se fixer ainsi sur le chariot d'un tour, ce qui permet d'utiliser cette machine-outil comme une machine à rectifier.

Ce dernier genre de machine est en effet toujours d'un prix très élevé, et ne saurait s'incorporer dans le budget d'un petit atelier, lequel n'a pas l'utilisation constante d'une machine spéciale à rectifier.

Les machines à percer électriques sont également très commodes, en raison non seulement de la vitesse élevée qu'elles donnent, mais aussi de leur déplacement facile ; les machines de perçage permettent, en raison de la mobilité qu'elles procurent, d'avoir une machine à percer portative qu'on peut manœuvrer facilement à la main.

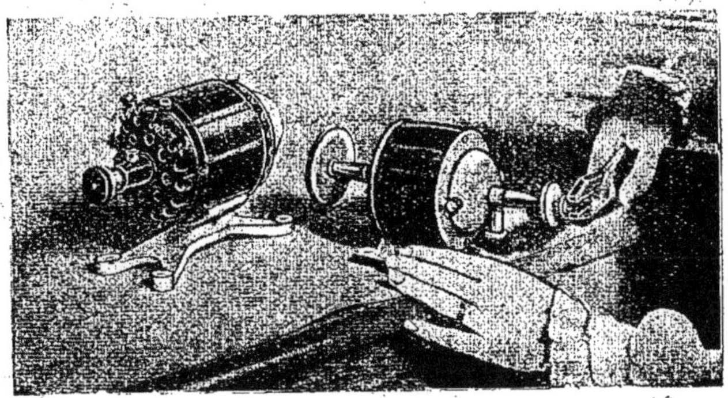

Les petits moteurs servent à une foule d'usages. A gauche, le moteur seul a une poulie à gorge pour actionner, par une courroie, de petits appareils. Sur le moteur de droite, on fixe une petite meule. Avec une pince, on bloque l'écrou qui fixe cette meule sur l'arbre.

Ceci est très employé dans les montages de charpente, et dans les montages de machines un peu importantes. On n'a pas alors à manœuvrer les pièces lourdes pour venir les fixer sur le plateau d'une machine à percer. C'est cette dernière, au contraire, qui se déplace et qui vient appliquer le foret à l'endroit où doit être percé un trou.

L'application de l'électricité au chauffage permet, dans les ateliers, l'emploi de fers à souder électriques. Ces fers sont très commodes et très faciles à maintenir en un bon état de propreté et d'utilisation.

Les pompes sont également actionnées facilement par des moteurs. Cela permet d'avoir des modèles de pompes de faible capacité, et de les faire fonctionner simplement dans n'importe quelle position et dans les endroits même difficilement accessibles. Souvent la pompe centrifuge est alors accouplée directement sur l'arbre du moteur électrique. C'est ce qu'on appelle un groupe moto-pompe.

CHAPITRE XI

Postes et Installations téléphoniques

APPAREILS TÉLÉPHONIQUES MAGNÉTIQUES

L'appareil téléphonique permet de transmettre à grande distance une conversation.

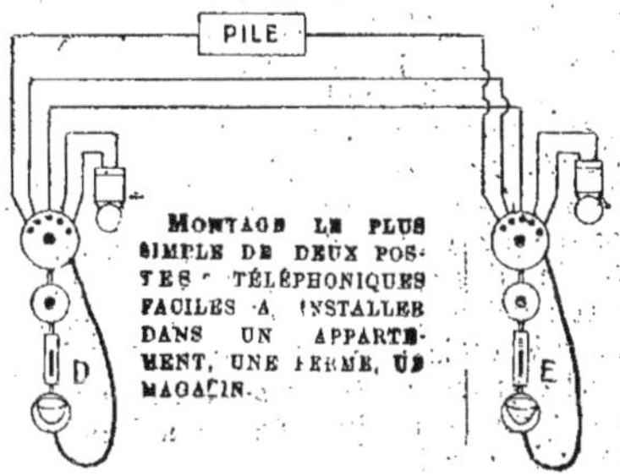

MONTAGE LE PLUS SIMPLE DE DEUX POSTES TÉLÉPHONIQUES FACILES A INSTALLER DANS UN APPARTEMENT, UNE FERME, UN MAGASIN.

Les appareils les plus simples qui ont été imaginés par l'Américain Bell comprennent un aimant, garni

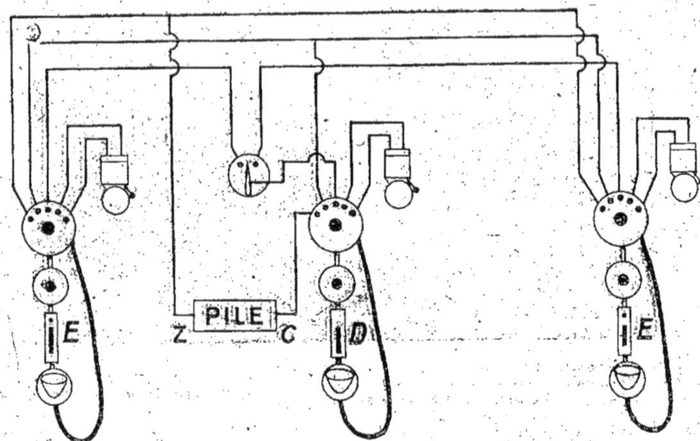

MONTAGE DE TROIS POSTES DOMESTIQUES SIMPLES.

L'un des postes (au milieu) joue le rôle de central avec un commutateur et peut se brancher avec l'un quelconque des deux autres, qui peuvent le sonner chacun leur tour.

à une extrémité d'une bobine de fil conducteur isolé. Devant le pôle de cet aimant, se trouve une plaque, mince en fer, située à une petite distance.

Lorsqu'on parle devant cette plaque les vibrations sonores la font vibrer à son tour et, par suite de ce déplacement, la plaque s'écarte ou se rapproche du pôle de l'aimant, ce qui produit une variation dans le champ magnétique créé par l'aimant.

La variation du champ magnétique provoque dans l'enroulement de la bobine des courants induits qui sont essentiellement variables, et l'amplitude et la quantité des variations sont en rapport direct avec les vibrations de la plaque, par conséquent avec la parole.

Les courants se propagent le long des fils de la ligne, et ils sont reçus par la bobine d'un deuxième appareil téléphonique identique au premier.

Ces courants provoquent des variations d'aimantation dans l'aimant de ce deuxième appareil ; il s'ensuit que la plaque vibrante est attirée ou repoussée alternativement par l'extrémité de l'aimant.

Les vibrations sont identiquement les mêmes que celles de la plaque du premier appareil ; elles produisent des sons, et reproduisent exactement la parole.

Ce n'est donc pas la voix qui est transmise par le téléphone, comme elle le serait, par exemple, dans un tuyau acoustique, mais ce sont les transformations des mouvements vibratoires produits par la parole en courants électriques ondulatoires qui viennent impressionner le deuxième récepteur.

Pour avoir une communication téléphonique, il suffit de relier les deux appareils dont nous venons de parler par une ligne électrique à deux conducteurs.

On peut même, si on vise à l'économie, supprimer un des fils conducteurs, et le remplacer par la terre à chaque poste; le courant de retour se faisant alors par la terre.

Pour permettre à celui qui téléphone de manifester son désir d'entrer en communication, d'appeler la personne avec laquelle il doit correspondre, on superpose à l'installation téléphonique une installation de sonnerie électrique.

Cette disposition n'est pas différente de celle de la sonnerie, mais on utilise, en général, les deux fils de ligne du téléphone comme fils de ligne de sonnerie.

Les téléphones magnétiques ne peuvent guère s'employer au delà d'une distance de plus de 100 mètres; leur installation est simple et leur prix est très économique, en plus de cela ils ne demandent absolument aucune surveillance ni entretien.

Comme il faut que chaque poste puisse appeler l'autre, la communication téléphonique complète comprendra à chaque poste : un téléphone transmetteur, et de préférence un appareil récepteur différent que

POSTE PRIMAIRE AVEC COMMUTATEUR m ET PLOTS P SUR LE SOCLE PERMETTANT DE TÉLÉPHONER A DIVERS AUTRES POSTES.

L'appareil est du type monophone. L'appel se fait par le bouton B, et C est le crochet commutateur.

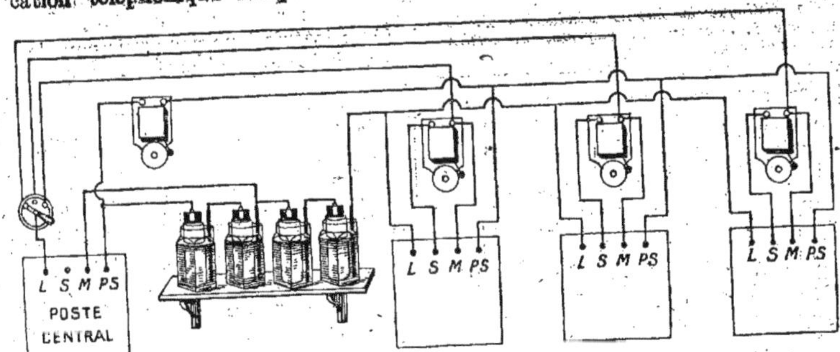

Plusieurs postes téléphoniques à circuit primaire sont montés sur un poste central. Ils peuvent appeler en sonnant suivant un code ou une convention. Le commutateur permet au poste central de se mettre en ligne avec le poste qui appelle.

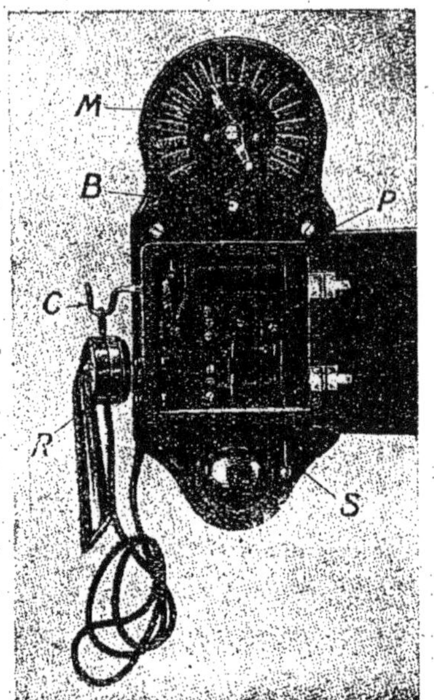

PETIT POSTE MURAL A COMMUTATEUR M,
ET BOUTON D'APPEL B.

On distingue la bobine d'induction P, la sonnerie S, l'appareil R suspendu au crochet commutateur C.

l'on tiendra à l'oreille pendant que l'on parlera devant le transmetteur.

On aura également à chaque poste une sonnerie, un bouton d'appel et une pile.

On a avantage à prévoir l'installation du poste pour simplifier son fonctionnement. On peut même, si on le désire, prendre des fils différents pour la sonnerie et le téléphone, et on peut se servir alors des piles qui actionnent les sonneries d'un appartement pour actionner les sonneries du téléphone.

Le circuit téléphonique est donc absolument distinct du circuit sonnerie, mais il peut aussi comporter un fil commun, et l'installation se fait alors avec trois fils.

Généralement dans les postes modernes, en décrochant l'appareil téléphonique d'un crochet fixé sur la tablette, on manœuvre par le fait même un commutateur qui a pour effet de mettre la sonnerie en dehors du circuit.

Par conséquent, on peut n'avoir que deux fils pour la liaison téléphonique entre deux postes, ces deux fils servant pour la sonnerie lorsque l'appareil repose sur le crochet.

On a intérêt à ne pas avoir pour la transmission et la réception des appa-

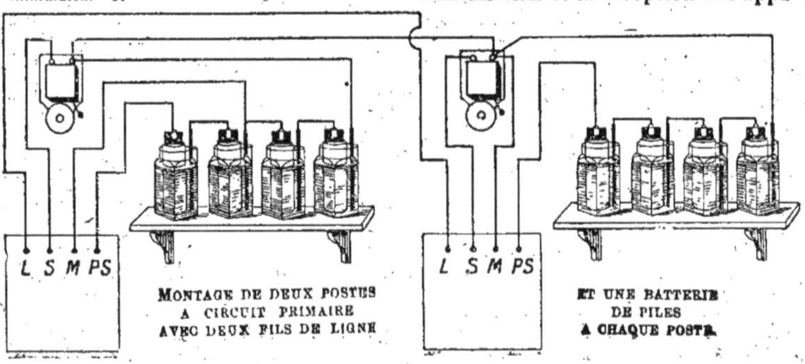

MONTAGE DE DEUX POSTES
A CIRCUIT PRIMAIRE
AVEC DEUX FILS DE LIGNE

ET UNE BATTERIE
DE PILES
A CHAQUE POSTE.

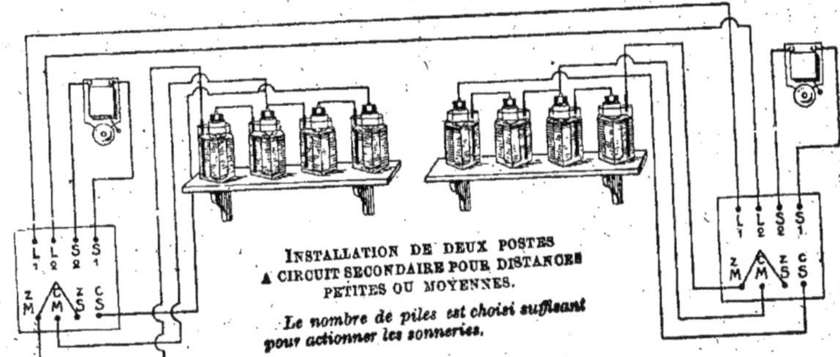

reils identiques ; c'est ainsi que le transmetteur pourra avoir une plaque plus épaisse, on aura une production de courants plus énergiques, et l'appareil récepteur aura une sensibilité plus grande pour obéir à l'action de ces courants.

POSTE À CIRCUIT PRIMAIRE

Le téléphone magnétique dont nous venons de parler ne convient que pour des distances faibles, et dans les endroits où la conversation n'est pas dérangée par des bruits extérieurs.

Quand il s'agit de transmettre des conversations à des distances assez grandes, ou lorsque les bruits d'un atelier, d'une ferme, d'un bureau peuvent gêner la réception, on emploie de préférence des téléphones à piles, qui ont plus de puissance et plus de netteté.

Le principe des téléphones avec piles est de produire des variations de résistance dans un circuit par l'influence de la vibration de la plaque de l'appareil transmetteur.

Pour cela cette plaque agit en formant une pression plus ou moins grande sur des contacts en charbon ; ces contacts sont constitués par des objets cylindriques, par de la gre-

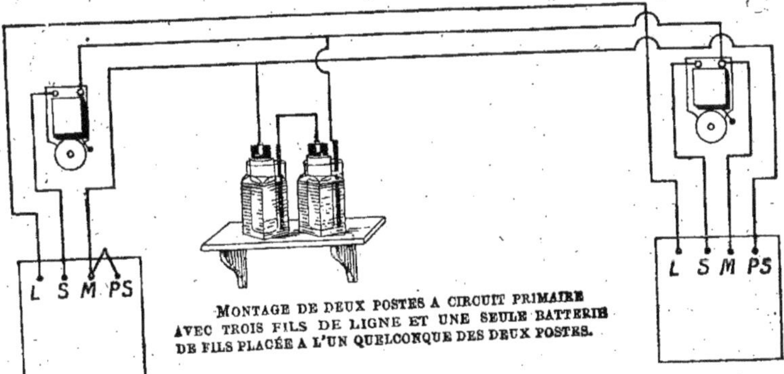

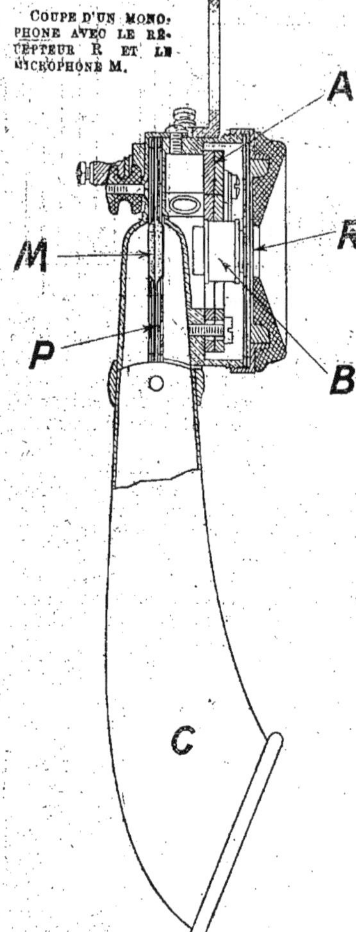

On voit les aimants A et les bobines B du récepteur ainsi que les plaques vibrantes du micro. Le son de la voix arrive en M par le cornet C qui se trouve à côté de la bouche de la personne qui utilise l'appareil et place le récepteur à l'oreille.

naille; par des billes de charbon très fin, qui sont placés entre des plaques également en charbon.

Le contact variable de ces pièces en charbon est intercalé dans le circuit d'une pile électrique, et la variation de résistance électrique provoque les courants variables qui se propagent à travers le circuit téléphonique.

Ce circuit se termine à l'autre poste par un appareil récepteur et cet appareil récepteur est constitué par des bobines de fil conducteur isolé qui sont placées sur les pôles d'un aimant.

Les courants variables qui passent dans la bobine, attirent ou repoussent plus ou moins une plaque de fer, qui par ses vibrations reproduit exactement la parole

On aura donc dans un poste téléphonique un appareil transmetteur et un appareil récepteur, ces deux derniers appareils étant tout à fait différents au point de vue de leur construction et de leur principe.

L'appareil transmetteur du début comprenait une plaque vibrante en bois mince qui agissait sur les contacts variables de cylindres en charbon.

UN APPAREIL MODERNE.

Le monophone de la Société des Téléphones qui présente toute garantie d'acoustique et d'hygiène.

dont les extrémités étaient quelque
fois taillées en pointes ou en biseau.

Par suite des vibrations, la pression
sur les points de contact étaient plus
ou moins forte, ce qui déterminait
des variations de résistance électrique dans le circuit.

Les appareils à grenaille ou à
billes ont une forme qui rappelle
celle du récepteur, mais la plaque
vibrante, au lieu d'être en métal, est
en charbon très mince.

C'est cette plaque qui appuie plus
ou moins sur de la grenaille, sur des
billes de charbon qui reposent dans
des cuvettes également en charbon
et garnies quelquefois de stries.

Là aussi la vibration de la plaque
fait une pression plus ou moins
grande sur les contacts en charbon,
ce qui détermine encore des variations
dans la résistance électrique des
contacts.

Le récepteur n'a rien de spécial,
mais les appareils modernes ont une
allure très ramassée, et la forme de
l'aimant est circulaire.

L'aimant en son centre porte des piè-

CHARBONS D'UN MICROPHONE ADER QUI,
SOUS L'ACTION DES VIBRATIONS D'UNE PLAQUE
DE BOIS MINCE DONNENT DES CONTACTS ÉLEC-
TRIQUES À RÉSISTANCE VARIABLE.

ces polaires placées en équerre qui comportent chacune une petite bobine de
fil ; c'est dans ces enroulements
que passent les courants variables
fournis par le transmetteur de l'autre
poste.

POSTES A CIRCUIT SECONDAIRE

Dans les postes à circuit primaire,
on ne peut téléphoner encore qu'à des
distances assez courtes.

Il ne faut pas que la ligne téléphonique soit très résistante, pour que la
résistance totale du circuit ne soit
trop élevée, afin de pouvoir transmettre les courants téléphoniques
peu intenses.

On est donc obligé, si la ligne est
longue, de prendre du fil de gros

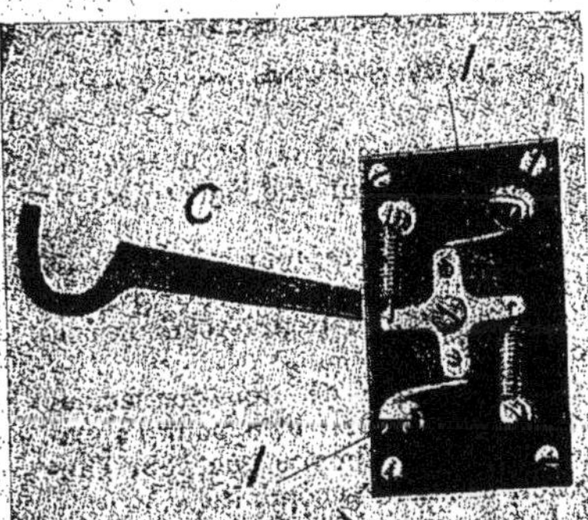

Le crochet commutateur C quand on décroche
l'appareil coupe la sonnerie et met l'appareil en
ligne au moyen des contacts 1.

diamètre, mais malgré tout, avec de très grandes distances, l'influence des variations des courants ne se fera sentir que faiblement, et les sons cesseront d'être perceptibles.

Pour remédier à cet inconvénient, on fait agir le transmetteur ou microphone sur un circuit peu résistant,

d'une façon convenable la résistance électrique des enroulements primaire et secondaire, il soit possible, avec une ligne même résistante, de transmettre les courants téléphoniques jusqu'au poste récepteur.

On a évidemment augmenté la tension de ce courant au moyen du

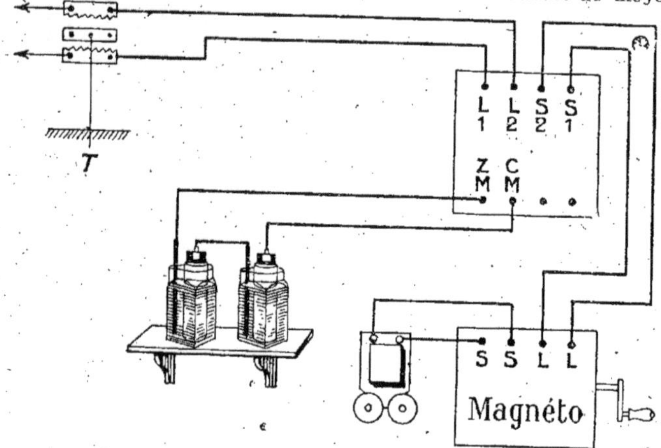

INSTALLATION D'UN POSTE A CIRCUIT SECONDAIRE AVEC MAGNÉTO REMPLAÇANT LA BATTERIE D'APPEL POUR GRANDE DISTANCE.
Deux piles sont nécessaires pour le microphone. Le poste opposé se place identiquement de la même façon que celui représenté par le schéma ci-dessus.

qui constitue un circuit local du poste téléphonique.

Ce circuit local comporte un enroulement primaire d'un petit transformateur ou bobine d'induction.

Les courants variables qui passent dans l'enroulement primaire de ce transformateur provoquent dans un enroulement secondaire, des courants induits qui peuvent se transmettre tout le long de la ligne téléphonique qui est reliée à cet enroulement secondaire.

On conçoit donc qu'en calculant

petit transformateur. C'est le même principe que pour une ligne transport de force.

Au poste récepteur, on dispose également le même montage pour l'appareil transmetteur de ce deuxième poste

Le principe de fonctionnement est le même, aussi bien pour l'appareil à circuit primaire que pour l'appareil à circuit secondaire.

Les courants variables ont une amplitude et une fréquence qui correspondent exactement aux mêmes caractér st ues des vibrations de la plaque du transmetteur.

Les vibrations se reproduisent ainsi avec la même amplitude et la même période sur la plaque du récepteur, ce qui a pour effet de former des sons et de reproduir exactement la parole transmise.

Schémas d'installation

Le cas le plus général en téléphonie privée est celui qui consiste à relier deux postes entre eux d'une façon permanente.

Comme avec les téléphones à piles, on doit satisfaire en général au besoin d'une ligne un peu longue, il faut prendre le moins de fil possible pour la communication, et souvent on utilise même un seul fil, de manière à ce que la terre serve de fil de retour.

Il est donc indispensable de faire usage d'un commutateur pour que la ligne se trouve branchée sur la sonnerie d'appel lorsqu'on ne téléphone pas.

Au contraire, lorsqu'on est en train de causer, la ligne n'est pas en circuit

MAGNÉTO D'APPEL M AVEC SES AIMANTS INDUCTEURS A.

Le courant de l'induit est recueilli par le contact O du ressort.

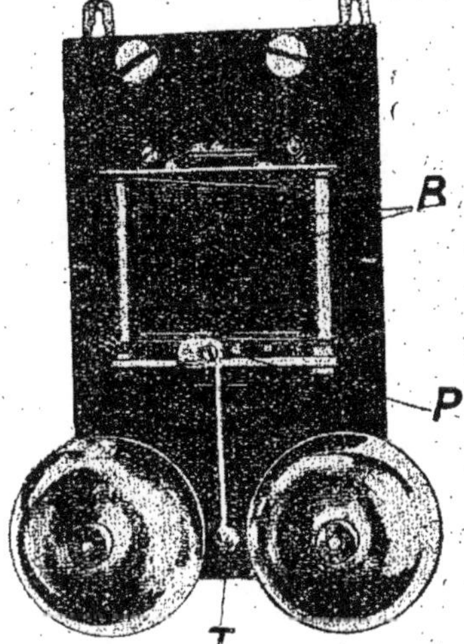

SONNERIE MAGNÉTIQUE QUI FONCTIONNE AVEC DU COURANT ALTERNATIF D'UNE MAGNÉTO D'APPEL.

Les bobines B attirent alternativement la palette oscillante P qui agit sur le timbre T.

avec la sonnerie, et elle comporte simplement les appareils transmetteurs et récepteurs.

On peut évidemment avoir des commutateurs à main pour cette manœuvre, mais tous les postes téléphoniques actuels font cette commutation d'une façon absolument automatique.

Le fait de décrocher l'appareil téléphonique de son crochet suffit pour mettre la sonnerie hors circuit et pour brancher immédiatement l'appareil téléphonique sur les fils de la ligne.

Il est évident qu'il ne faut pas oublier une fois que la conversation est terminée de remettre l'appareil au crochet, mais l'habitude du télé-

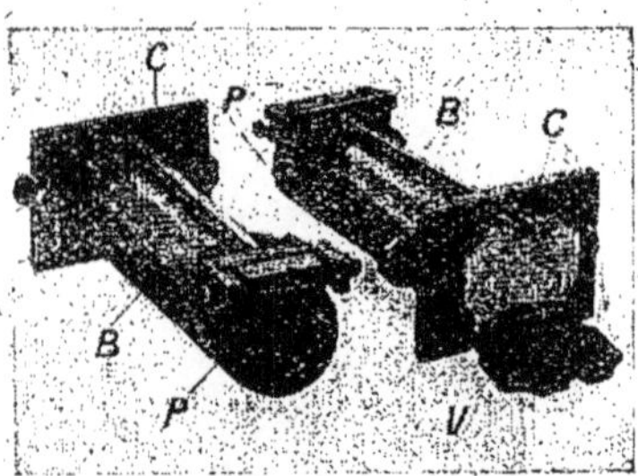

UN ANNONCIATEUR BLINDÉ.

Quand le courant passe dans la bobine B, la palette P est attirée et dégage le crochet C qui laisse tomber le volet V, ce qui découvre le numéro du poste qui appelle.

phone est aujourd'hui si répandue, que ce mouvement de raccrochage est absolument instinctif.

On aura donc dans les postes les plus compliqués, c'est-à-dire les postes secondaires, une pile d'éléments Leclanché qui servent à la fois à l'actionnement de la sonnerie et à

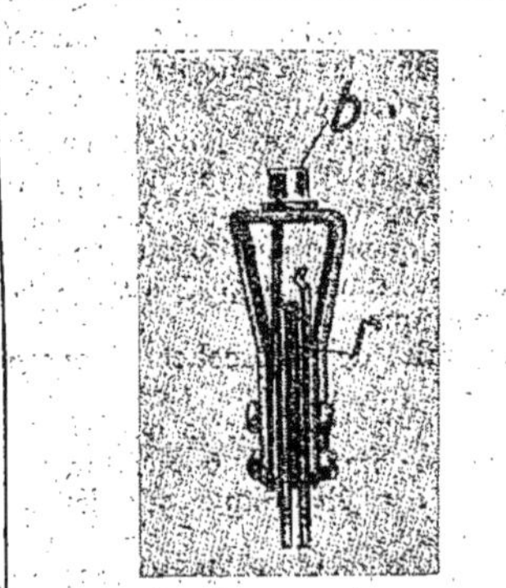

Le bouton d'appel b quand on appuie donne les contacts nécessaires pour l'appel grâce aux lames de connexion.

l'alimentation du transmetteur microphonique, une sonnerie d'appel et un bouton d'appel pour lancer le courant des sonneries dans la ligne, un transmetteur, un ou deux appareils récepteurs, une bobine d'induction ou le petit transformateur qui lorsqu'il existe est monté dans le socle ou dans la boîte qui porte l'appareil.

Au point de vue de la forme, les postes téléphoniques offrent une grande variété.

Au début l'appareil microphonique était fixé soit sur le mur, soit sur un socle lorsqu'il s'agissait d'un appareil portatif, le récepteur était supporté par un crochet commutateur, de sorte que pour téléphoner, on prenait le récepteur à l'oreille, et on provoquait immédiatement la commutation nécessaire.

Ceci a évidemment l'inconvénient d'obliger celui qui téléphone à se placer devant le transmetteur microphonique.

Cela est quelquefois mal commode et on a monté un microphone et un récepteur sur un même support; les deux appareils sont écartés d'une distance suffisamment convenable pour qu'en plaçant le récepteur à l'oreille, le microphone se trouve placé à la hauteur de la bouche.

Ce genre d'appareil s'appelle : appareil combiné, et les formes en sont très diverses.

Plus récemment encore, on a imaginé de placer côte à côte le microphone et le récepteur.

Ceci est possible avec les microphones de volume extrêmement réduit qu'on a imaginés pour cela. Il en résulte que le microphone est placé également près de l'oreille de celui qui parle.

Pour que le son de la voix puisse venir impressionner la membrane microphonique. On agence alors un tube recourbé de forme plus ou moins étudiée qui vient placer l'ouverture près de la bouche de celui qui cause ; le son remonte suffisamment le long du cornet et vient agir sur la membrane du microphone.

Cette disposition a le grand avantage d'être beaucoup plus hygiénique que les appareils combinés ordinaires. En effet, la cuvette qui conduit le son de la voix sur la membrane microphonique peut toujours être le réceptacle de microbes.

POSE DE CANALISATIONS

Les conducteurs qui servent à relier deux postes téléphoniques sont dans d'intérieur d'un immeuble, dans l'intérieur d'un bâtiment, absolument identiques à ceux qu'on utilise pour les sonneries.

Néanmoins, il faut prendre un peu plus de soin dans leur isolement, étant donné la faible intensité des courants qui doivent les traverser.

On a avantage par conséquent à adopter des fils sous plomb qui comportent plusieurs conducteurs dans la même enveloppe de plomb.

Il est facile de soutenir ce petit câble avec des crochets, et ceci est même indispensable, quand il s'agit de placer des fils à l'extérieur des bâtiments.

Si la ligne téléphonique est très longue et si elle traverse des espaces découverts, on a intérêt à l'installer sur des poteaux qui ont au moins 5 à 6 mètres de hauteur. Ces poteaux sont généralement en sapin et ils sont injectés au sulfate de cuivre ou à la créosote, pour qu'ils puissent mieux résister aux intempéries.

Les fils conducteurs sont alors en fer ou en acier galvanisé, leur diamètre est variable et peut aller de 2 à 6 mm.

Si la distance est très considérable, et si l'on a intérêt à augmenter la distance entre les poteaux, on emploie des fils conducteurs en bronze siliceux.

Cet alliage a un poids plus réduit, car la conductibilité électrique étant plus élevée, les diamètres des fils sont choisis plus faibles ; ces fils sont supportés, aussi bien sur les poteaux que sur les murs, au moyen d'isolateurs en porcelaine ou en verre, car les fils eux-mêmes ne sont pas isolés.

Lorsqu'il s'agit de leur faire traverser un mur, on emploie des tubes en porcelaine, des pipes d'entrée, ainsi qu'on l'a vu pour les installations de conducteurs destinés à l'actionnement des sonneries.

POSE ET TABLEAUX CENTRAUX

Quand on veut établir des communications entre plusieurs postes, il faut prévoir un poste central qui, au moyen d'appareils spéciaux donne la possibilité de faire à volonté communiquer entre eux des postes simples.

Quand il s'agit d'installations domestiques qui doivent être reliées au réseau de l'État, les postes spéciaux à installer sont du ressort des Postes et Télégraphes.

Le poste central comprend donc, en dehors des appareils habituels d'un poste téléphonique, une disposition qui lui permettra d'être appelé par les postes simples qui sont reliés avec lui.

Il pourra les appeler à son tour, et il pourra les mettre en communication.

Pour constater si un poste déterminé appelle, on utilise des annonciateurs.

Les plus simples annonciateurs sont

sont déclanchés ; ce sont des annonciateurs à volet.

Ils sont constitués par une bobine qui attire une palette en fer doux, lorsque la bobine est traversée par le courant d'appel ; cette palette en fer doux dégage un crochet qui laisse retomber un petit volet basculant.

Le volet découvre le numéro, et l'annonciateur joue en même temps le rôle d'un relais pour faire fonctionner la sonnerie d'appel. C'est le même principe que le fonctionnement des relais de sonnerie dont nous avons déjà parlé.

Quand il s'agit d'installations plus complètes, on a cherché à supprimer la remise en place des différents volets.

Pour cela n les remplace par des petites lampes placées sous le numéro correspondant à celui du poste qui appelle. Ce dernier, en lançant le courant d'appel, allume la lampe qui indique qu'un poste demande une communication

VUE INTÉRIEURE D'UN POSTE STANDARD S. I. T.

On voit les rangées d'annonciateurs A, les cordons T des fiches et M la magnéto d'appel téléphonique.

identiques aux voyants qu'on emploie dans les tableaux de sonnerie, mais on a agencé des annonciateurs plus étudiés qui ont pour action de faire fonctionner les sonneries sitôt qu'ils

D'autres systèmes de voyants, plus sensibles encore, fonctionnent d'après le principe d'un petit moteur électrique, mais la rotation n'est que d'une fraction de tour, et elle découvre des segments de couleur qui indiquent que le poste appelle.

Aussitôt qu'un poste a appelé au poste central, pour faire cesser la sonnerie, pour éteindre la lampe ou pour remettre le voyant au repos, l'opérateur qui se trouve au poste central doit manœuvrer un appareil conjoncteur qui lui permet d'entrer en communication avec le poste qui appelle.

Au début ces conjoncteurs étaient constitués simplement par des fiches que l'on plaçait dans des prises de courant appropriées ; on les a remplacées presque universellement par des leviers ou des combinateurs.

Le fait d'abaisser le levier donne les connexions électriques suffisantes pour faire communiquer le poste central avec le poste qui appelle.

On établit les connexions au moyen de conjoncteurs appropriés entre deux postes simples dont l'un a demandé communication au poste central.

Enfin dans les postes modernes, il existe un annonciateur de fin de conversation ; celui-ci est actionné aussitôt que l'un des postes qui était en communication a raccroché son appareil sur le crochet commutateur.

POSTES A BATTERIE CENTRALE

Les installations importantes et tout à fait modernes pour communications téléphoniques, suppriment l'emploi des piles à chaque poste téléphonique.

L'énergie électrique est centralisée au poste central, et elle est constituée par une batterie d'accumulateurs qui sert à alimenter tous les circuits microphoniques.

De même cette batterie sert à alimenter tous les circuits d'appel, c'est-à-dire qu'elle peut faire fonctionner les sonneries au fur et à mesure que les conjoncteurs correspondants sont manœuvrés.

On emploie quelquefois uniquement la batterie centrale pour l'alimentation des circuits microphoniques, les circuits d'appel sont alors actionnés par le fonctionnement de petites magnétos manœuvrées à la main par une manivelle.

La magnéto produit un courant alternatif, et ce courant ne saurait faire fonctionner une sonnerie trembleuse ordinaire qui exige un courant toujours de même sens.

On a donc construit des sonneries magnétiques qui sont constituées par une palette oscillante, laquelle peut être attirée par une bobine de chaque côté de l'axe ; il en résulte que le courant variable agit tantôt sur une bobine, tantôt sur l'autre pour attirer la palette et aussi pour la repousser.

L'oscillation de la palette donne le mouvement correspondant du marteau qui agit sur le timbre de la sonnerie.

Lorsque le poste central a une certaine importance et lorsqu'il comporte un grand nombre de numéros de postes simples, on lui donne la forme d'un meuble, et les conjoncteurs sont placés sur un pupitre. Ces meubles qui revêtent aujourd'hui des formes très élégantes et très étudiées, ont reçu le nom de « standards ».

TABLE DES MATIÈRES

1925. — Fontenay-aux-Roses. — Imp. L. BELLENAND ET FILS. 35.054

www.ingramcontent.com/pod-product-compliance
Ingram Content Group UK Ltd.
Pitfield, Milton Keynes, MK11 3LW, UK
UKHW031836170726
13836UKWH00004B/1716

9 782329 209111